Fritz Raskop | Die Schnellbestimmung der Wickeldaten

FRITZ RASKOP

Die Schnellbestimmung der Wickeldaten

für Drehstrommotoren, Einphasen-Wechselstrommotoren

und Kleinst-Kollektormotoren mit einem Anhang:

Ursprungs-Wickeldaten (Wickeldaten-Archiv)

3., verbesserte und vermehrte Auflage,

mit 7 Abbildungen und 69 Originaltabellen des Verfassers

Technischer Verlag Herbert Cram. Berlin W 35

1958

Satz: Walter de Gruyter & Co., Berlin W 35

Druck: Paul Funk, Berlin W 35

Printed in Germany

Vorwort zur 3. Auflage

Die vorliegende 3. Auflage wurde neu bearbeitet, verbessert und wesentlich erweitert. Insbesondere wurde die Wickeldaten-Kartei von 3 auf 36 Tabellen ausgebaut und hiermit den diesbezüglichen Wünschen der interessierten Fachleute bereitwilligst entsprochen.

Die Gesamtzahl — einschließlich der in den Text eingebauten — Tabellen wurde von 36 auf 69 erhöht, weitere Schulungsbeispiele wurden eingefügt.

Die „Schnellbestimmung der Wickeldaten" hat sich über einen Zeitraum von mehr als 10 Jahren in den Händen vieler tausend Fachleute im In- und Ausland bestens bewährt und ihren Zweck erfüllt. Der Verfasser hofft, daß die vorliegende 3., verbesserte, ergänzte und erweiterte Auflage in dem großen Kreis der Elektromaschinenbauer-Handwerker neue Freunde gewinnen wird.

Krefeld, im August 1958 — Der Verfasser

Vorwort zur 1. und 2. Auflage

Mit der ersten Auflage der vorliegenden Broschüre wurde der Versuch unternommen, den langgehegten Wünschen derjenigen Fachleute bestmöglichst zu entsprechen, die sich mit der Instandsetzung und Neuwicklung elektrischer Maschinen befassen und daher fast täglich mit der Kontrolle oder mit der Rekonstruktion von Wickeldaten beruflich zu tun haben.

Wenn auch im Regelfalle die erforderlichen Wickeldaten als sogenannte — Ursprungs-Wickeldaten — aus den jeweils vorliegenden Motoren anfallen und die Wiederinstandsetzung bzw. Neuwicklung im wesentlichen nach Maßgabe der Ursprungs-Wickeldaten erfolgen soll, so kommen in der Praxis doch fast täglich Fälle vor, wo die Richtigkeit der Daten angezweifelt werden muß, oder überhaupt keine Wicklungen in dem Motor mehr vorhanden sind.

Da es sich nun bei der Instandsetzung und Neuwicklung elektrischer Maschinen fast immer um sehr eilige Arbeiten handelt, andererseits aber auch in den überwiegenden Fällen die Voraussetzungen für den Einsatz mathematischer Rekonstruktions- und Berechnungsverfahren nicht gegeben sind, so konnte nur ein einfaches, kurzfristiges Rekonstruktionsverfahren in Betracht kommen.

Der praktische Einsatz der vorliegenden Broschüre hat in vielen tausenden Fällen bewiesen, daß das vom Verfasser entwickelte „Schnellverfahren nach Raskop-Tabellen" den vorliegenden Anforderungen entspricht.

Die Broschüre ist von den Fachleuten, für welche dieselbe geschrieben wurde, mit Begeisterung aufgenommen und erfolgreich angewandt worden. Diese Tatsache veranlaßte den Verfasser, die nunmehr vorliegende zweite Auflage zu verbessern und zu erweitern.

Trotz dieser Maßnahmen stellt auch die vorliegende zweite Auflage keine „Patentlösung" für alle in der Praxis vorkommenden Fälle dar. Der Verfasser ist nach wie vor der Meinung, daß die von den wirklich leistungsfähigen Elektromaschinenfabriken angewandten Ursprungswickeldaten durch kein Rekonstruktionsverfahren, auch durch kein mathematisches Berechnungsverfahren, voll und ganz ersetzt werden können. Gegenteilige Auffassungen beruhen auf Unkenntnis.

Andererseits wird in der vorliegenden Broschüre an zahlreichen Beispielen aus der Praxis dargelegt, daß die Differenzen zwischen den Ursprungs-Wickeldaten und den rekonstruierten Daten nach Maßgabe der vorliegenden Broschüre im Regelfalle nicht größer sind, als diejenigen, die auch bei Anwendung mathematischer Berechnungsverfahren zwangsläufig in Erscheinung treten.

Damit ist die Daseinsberechtigung der Broschüre unter Beweis gestellt. Der Verfasser hat die ihm bekanntgewordenen Wünsche bezüglich Ergänzung und Erweiterung der ersten Auflage bestmöglichst berücksichtigt. Für weitere Anregungen ist der Verfasser stets dankbar.

Krefeld, im November 1950 Der Verfasser

Inhaltsverzeichnis

*) Hersteller A. Müller, Dresden. Ersatzteile Fa. Helmut Bartzsch, Alfeld/Leine, Steinbergstraße 4

Wichtige Vorbemerkungen!

1. Nennleistung und Abmessungen des aktiven Eisens

Der Leistungswert eines normalen Drehstrommotors für Dauerbetrieb (in kW oder PS ausgedrückt) steht in unmittelbarem Zusammenhang mit:

a) den Abmessungen des aktiven Eisens,
b) der spezifischen Beanspruchung des aktiven Eisens (magnetische Dichte im Eisen),
c) der spezifischen Beanspruchung des Wicklungs-Leiterwerkstoffes (Stromdichte je mm² Querschnitt),
d) der Abführung der Stromwärme aus den Wicklungen und dem aktiven Eisen (Lüftung — Kühlung),
e) der Polzahl und Frequenz (Drehzahl).
f) Schalthäufigkeit/Stunde

Die höchsterreichbaren Leistungswerte sind durch die üblichen Vorschriften (VDE-Vorschriften-REM) hinsichtlich der zulässigen Grenzerwärmungen des aktiven Eisens und der Wicklungen, des Mindestwirkungsgrades und des Leistungsfaktors festgelegt. Diese Vorschriften wurden bisher seitens der Hersteller elektrischer Maschinen im allgemeinen beachtet.

Die erste Fassung der VDE-Vorschriften — REM (Regeln für Bewertung und Prüfung elektrischer Maschinen) wurde im Jahre 1901 veröffentlicht. Nach wiederholten Änderungen und Ergänzungen erschien im Jahre 1930 die vierte Fassung. Im Jahre 1935 und 1938 erfolgten wiederum Änderungen, welche durch die sogenannte Umstellvorschrift aus dem Jahre 1941 ihren vorläufigen Abschluß fanden.

Im Juli 1955 erschien die letzte Neufassung der „Regeln für elektrische Maschinen" (REM-VDE, 0530/7.55)*), die im § 31 (Beschaffenheit der Isolierstoffe) und § 32 (Einteilung der Isolierstoffe nach Temperaturbeständigkeit) äußerst wichtige Richtlinien für den Elektromaschinenbauer und Instandsetzer enthält.

Nach § 32, Tafel 3, S. 21 der REM 0530/7.55 wurden die Isolierstoffe (Wicklungsisolation) entsprechend ihrer Wärmebeständigkeit in 7 Güteklassen wie folgt eingeteilt:

---

*) Zu beziehen: Beuth-Verlag GmbH, Berlin-Charlottenburg und Köln a. Rh.

Werkstoffklasse	Höchstzulässige Dauertemperatur
Y	90° C
A	105° C
E	120° C
B	130° C
F	155° C
H	180° C
C	höher als 180° C

Die Kühlmitteltemperatur wurde auf 40° C begrenzt (§ 33 REM) und die Grenz-Übertemperaturen an den Wicklungen (über Kühlmitteltemperatur) in Tafel 4, S. 24, wie folgt festgelegt:

Werkstoffklasse	Grenz-Übertemperatur
Y	45° C
A	60° C
E	75° C
B	80° C
F	100° C
H	125° C

Für die in den Werkstoffklassen Y—C nach VDE 0530/7.55 in Betracht kommenden Isolierstoffe hat der Verfasser in der Tabelle 1a (Beispiele) zusammengestellt.

Nach dem derzeitigen Stand der Isolierstoff-Technik darf angenommen werden, daß berechtigte Aussichten auf das Erscheinen weiterer, verbesserter Isolierstoffe bestehen. Es wird sich hier u. a. um solche mit noch höherer Wärmebeständigkeit und besserer Wärmeleitfähigkeit handeln.

Die vorstehend skizzierte Entwicklung im Elektromaschinenbau, besonders auf dem Sektor „Isolierstoffe“, umfaßt etwa die Zeitspanne 1901—1957. Die hierin eingeschlossenen Termine betr. Neufassung der VDE-REM und der ursächliche Zusammenhang derselben mit den Maßen, Gewichten und spezifischen Leistungswerten der elektrischen Maschinen bezogen auf das Baujahr, enthalten wichtige Hinweise für die Berechnung und Rekonstruktion der Wickeldaten.

Bei etwa gleichen Abmessungen des aktiven Eisens ist der Leistungswert (Schildleistung) ständig gestiegen. Gleichzeitig sind aber auch die zulässigen Temperatur-Grenzwerte für die Wicklungen gestiegen. Bei den neuesten Motorentypen erzielt man also mit wesentlich weniger aktiven Baustoffen (Eisen, Kupfer) einen erheblich höheren Leistungswert (Schildleistung), als dies in den Kinderjahren des Drehstrommotors der Fall war. Allerdings liegen die Temperaturen der Wicklungen und des aktiven Eisens bei diesen Motoren entsprechend hoch (siehe REM § 32).

2. Die Ergebnisse des entwicklungsmäßig bedingten Fortschrittes im Elektromaschinenbau

Vergleicht man die unter Ziffer 1 dargelegte Entwicklung mit den Wickeldaten der Drehstrommotoren für Dauerbetrieb, dann läßt sich leicht feststellen,

a) daß bezogen auf gleiche Leistung und Polzahl, selbst bei gleichen Abmessungen des aktiven Eisens die Leiterzahl im Ständer geringer,

b) der Leiterquerschnitt ebenfalls geringer

geworden ist.

Drehstrommotoren der jüngeren und jüngsten Baujahre weisen den Motoren älterer Baujahre gegenüber folgende Unterschiede auf:

c) das Totalgewicht,
d) die Abmessungen des aktiven Eisens,
e) die Leiterzahl im Ständer,
f) der Leiterquerschnitt

sind geringer;

g) die Temperaturen an den Wicklungen,
h) der Leerlaufstrom (Magnetisierungsstrom)
i) die Stromdichte Amp./mm² Leiterquerschnitt
sind höher

3. Magnetische Dichte im aktiven Eisen und Leerlaufstrom

Durch die allmähliche Heraufsetzung der magnetischen Dichte im aktiven Eisen wurde der relative Leerlaufstrom höher.

Während der normale Leerlaufstrom bei Drehstrommotoren für Dauerbetrieb in früheren Baujahren etwa 20—$33^1/_3$% betrug, findet man bei den Motoren der jüngsten Baujahre einen solchen bis etwa 65% des schildmäßigen Nennstromes.

4. Die Gesichtspunkte bei der Errechnung der Wickeldaten

Da die Festlegung der Wickeldaten für Drehstrommotoren nicht nur nach den dargelegten Gesichtspunkten, sondern auch nach dem Verwendungszweck des einzelnen Motors zu erfolgen hat, so ist es

Tabelle
über Isolierstoffe, Tränklacke, Tränkmassen und Bindemittel
Tafel 3 VDE-Regeln für elektrische

1	2	3	4	5
Nr.	Isolationskl. nach VDE, 0530 / 7.55			**Isolierstoffe**
		Leiterisolation	Nutenisolation	Umbandelung
1	**Y**	Baumwolle, Zellwolle, Kunstseide, Naturseide	Preßspan, Vulkanfiber, Papier, Polyamid-Textilien, Ölleinen	Bänder aus: Baumwolle, Zellwolle, Kunstseide, Naturseide
2	**A**	Baumwolle, Zellwolle, Kunstseide, Naturseide sowie: **Lackdrähte** der Klasse M und F	Preßspan, Ölleinen, Zellulosefolien, Papier	Bänder aus: Baumwolle, Zellwolle, Kunstseide, Naturseide
3	**E**	**Lackdrähte** der Klasse M, auch zusätzlich mit Zellulosefolien isoliert	**Folien** (auch in Verbindung mit Edelpreßspan) auf der Basis von: Zellulosetriacetat, Zelluloseacetobutyrat, Polyamid	Bänder aus: Zellulosetriacetat, Glasseide
4	**B**	Glasseideumsp., Asbestfaserumsp., Glasseideisolierung auch mit Lacken nach Klasse E (Vorimprägnierung der Wickeldrähte)	Glasgewebe, Glimmer, Mikanitgewebe, Mikafolium, Asbestgewebe, Glasgewebe/ Silikonkautschuk	Bänder aus: Glasseide, Asbest
5	**F**	Glasseideumspinnung, Asbestfaserumspinnung	Glasgewebe, Asbestgewebe, Glimmer, Mikanit (mit anorganischem Träger), Glasgewebe/ Silikonkautschuk	Bändergewebe aus: Glasseide, Asbest, Glasseide/ Silikonkautschuk, Asbestflor
6	**H**	Glasseideumspinnung, Asbestfaserumspinnung	Glimmer, Glasgewebe, Glasgewebe/Silikonkautschuk, Mikanit	Bändergewebe aus: Glasseide, Asbestfäden
7	**C**	Glasseideumspinnung, Asbestfaserumspinnung	Glimmer, Asbest- und Glasgewebe	Bändergewebe aus: Glasseide, Asbestfäden

1a
für den Aufbau der Wicklungsisolation nach REM 0530/7.55
Maschinen: gültig ab Juli 1955

6	7	8
Für sonstige Zwecke	**Isolierlacke Füllmassen** (Imprägniermittel)	Höchstzulässige Dauertemperatur in °C
Polyvinylchlorid, Naturgummi vulkanisiert, Polyäthylen	Ungetränkt	90° C
Synthetische Gummimischungen (Butylkautschuk und Butadin-Styrol-Misch-Polymerisate, ungetränkt)	**Öllacke,** Asphaltmassen, Polyesterharze (gefüllt oder ungefüllt)	105° C
Polyamid Epoxydharze ohne Füllstoffe, Schichtstoffe mit Papier, Baumwolle oder Zellwolle als Füllstoffe auf der Basis Phenolharz, Melaminharz	Ölmodifizierte **Kunstharzlacke,** Asphaltmassen mit Erweichungspunkt über 120° C	120° C
Preßmassen mit anorganischen Füllstoffen auf der Basis von: Phenolharz, Melaminharz (ausgehärtet!)	Ölmodifizierte Alkydharzlacke und Phenolharzlacke, Polyurethanlacke, Schellack, Polyesterharze und Asphaltmassen mit Erweichungspunkt über 130° C	130° C
	Modifizierte Silikonlacke oder thermisch gleichwertige Stoffe und ähnliche temperaturbeständige organische Tränklacke und Bindemittel	155° C
Polytetrafluoräthylen, Polymonochlortrifluoräthylen	Reine Silikonlacke	180° C
Glimmer, Glas, Porzellan, Quarz und ähnliche feuerfeste Stoffe ohne Bindemittel	Ohne Bindemittel	über 180° C

Lfd. Nr.	2 polige Type	Leistung		Volt	Amp.	Drehzahl bei 50 Hz n/min	Eisenmaße	
		kW	PS				Ständer	Läufer
1	2	3	4	5	6	7	8	9
1	OR 6,7 - 2	0,75		380/220	0,57/0,33	2820	—	
2	OR 9,7 - 2	0,3		380 ⅄	0,8	2820	110/52/45	
3	OR 9,7 - 2	0,3		500 ⅄	0,6	2775	110/80/45	
4	OR 17- 2	0,5		380/220	1,3	2800	125/59/52	
5	OR 27c - 2 E 8	1,1		380/220	—	—	—/68/82	
6	OR 27u - 2	0,95		380/220	3,9/2,3	2800		
7	OR 27e - 2	1,3		380/220	5,3/3	2800		
8	OR 27d - 2	1,6		500 ⅄	2,8	2800		
9	OR 27s - 2	0,7		380/220	3/1,7	2800		
10	OR 27s - 2	0,7		380 ⅄	1,7	2800	145/70	
11	OR 27k - 2	0,95		380/220	—	2800	145/70/65	
12	OR 29n - 2	1,1		380/220	—	2800	—/70	
13	OR 37n - 2	2,4		380/220	—	—	—/84	
14	OR 37s - 2	2		380/220	—	2810		
15	OR 37s - 2	2		380/220	7,5/4,4	2810		
16	OR ge 37s - 2	2		500 ⅄	3,3	2810		
17	OR 37u - 2	2,4		500 ⅄	3,9	2820		
18	OR 37b - 2	3		500 ⅄	4,8	2830		
19	OR 37/2	3,2		380 Δ	6,7	2860		
20	OR g 44n - 2	1,8		—	—	2870		

In Spalte 12 bedeuten: // = 2 Drähte parallel bzw. 3 // = 3 Drähte parallel.

In Spalte 18 bedeuten: 2 Gr. // = 2 Gruppen parallel.

Kl. B = Klasse B. 48 Nu = 48 Läufernuten.

Wickeldatenarchiv:
Type OR — 2, 2polig, 50 Hz

Nutenzahl		Wickeldaten Ständer			Wickeldaten Läufer			Bemerkungen
Ständer	Läufer	Leiter je Nute	Draht ∅	Schaltung	Leiter je Nute	Draht ∅	Schaltung	
10	11	12	13	14	15	16	17	18
18		2 · 156	0,25 L	— —				
18		195	0,4 L	— —				
18		2 · 128	0,35 L	— —				
18		168	0,5 L	— —				
24		82	2 · 0,5 LL	— —				
24		2 · 40	0,65 L	— —				
24		2 · 31	0,5 L	— —				
24		2 · 33	0,5 L	— —				
24		96	0,6 L	— —				
24		96	0,6 L	— —				
24		80	0,65 L	— —				
24		72	0,7 LL	— —				
24		68	0,8 LL	— —				
24		47	0,7 BB	— —				
24		2 · 27//	0,65 L	— —				
24		2 · 34	0,8 L	— —				
24		2 · 30	0,85 BB	— —				
24		2 · 26	0,95 BB	— —				
24		2 · 25	0,95 LS	— —				
24		2 · 39	0,9 isol. 1,05	— —				

Fortsetzung S. 108
Anhang: Wickeldaten

erklärlich, daß beispielsweise Motoren für aussetzenden Betrieb, kurzzeitige Belastung usw. (Hebezeugmotoren usw.) ganz andere Wickeldaten erhalten müssen, als Motoren für Dauerbetrieb (DB).

5. Zusammenhänge zwischen den Tabellenwerten und Baujahren

Aus den angeführten Gründen beziehen sich die Darlegungen in der vorliegenden Broschüre, insbesondere die Tabellenwerte nur auf:

a) normale Drehstrommotoren für Dauerbetrieb,
b) solche aus den Baujahren bis etwa 1930 (Tabellen 3 bis einschl. 6),
c) solche aus den Baujahren nach 1930 (Tabellen 18 bis einschl. 21).

6. Die Zusammenhänge zwischen Baujahr und Leiterzahl im Ständer

Bei Drehstrommotoren für Dauerbetrieb aus den Baujahren nach 1930 liegen die effektiven Leiterzahlen im Ständer niedriger, als bei den Motoren aus den Baujahren vor 1930.

Die Differenzen sind um so größer, je höher das aktive Eisen und der Leiterwerkstoff vom Hersteller ausgenutzt worden ist.

7. Zusammenhänge zwischen dem Wattverlust des aktiven Eisens, den Abmessungen des aktiven Eisens und der Leiterzahl im Ständer

Die in den Tabellen 3 bis 6 dieser Broschüre angegebenen Leiterzahlen für die Ständerwicklungen beziehen sich ausschließlich auf solche Drehstrommotoren, die unter Verwendung von Blechen in 0,5 mm Stärke und etwa 3,6 Wattverlust/kg hergestellt worden sind (Normalfall).

Wurden jedoch vom Hersteller Bleche von geringerem Wattverlust oder sogenannte legierte Bleche (bis etwa 1,7 Wattverlust/kg) verwendet, dann sind die Abmessungen des aktiven Eisens bezogen auf gleiche Leistung, Polzahl und Lüftung geringer, das Totalgewicht und die Leiterzahl im Ständer geringer als in den Tabellen 3 bis 6 angegeben.

Nutzanwendungen

Die aussichtsreiche Anwendung des in dieser Broschüre beschriebenen Verfahrens setzt die sorgfältige Beachtung einer Anzahl wichtiger Faktoren voraus, die etwa wie folgt zusammengefaßt werden können:

I. Die Einführung in die Gedankengänge des Verfassers erfordert eine gewisse Vorschulung, die durch tägliche praktische Versuche an den zur Instandsetzung anfallenden Drehstrommotoren durchgeführt werden kann. Bei der Durchrechnung dieser Übungsbeispiele ist darauf zu achten, daß

a) die Ursprungswickeldaten,

b) die ursprünglichen Abmessungen des aktiven Eisens (insbesondere der Luftspalt),

c) das Ursprungs-Leistungsschild mit sämtlichen Daten

noch vorhanden sind.

II. **Baujahr:**

Ist das Baujahr nicht aus dem Leistungsschild ersichtlich, dann kann man aus der Größe und aus dem Totalgewicht des Motors einen brauchbaren Rückschluß ziehen.

III. **Verwendungszweck des Motors:**

Vor allen Dingen muß der ursprüngliche Verwendungszweck des Motors festgestellt werden.
Nach den REM-VDE § 18 bedeuten:

DB = Dauerbetrieb,
KB = Kurzzeitiger Betrieb,
DKB = Durchlaufbetrieb mit kurzzeitiger Belastung,
AB = Aussetzender Betrieb,
DAB = Durchlaufbetrieb mit aussetzender Belastung.

Drehstrommotoren, welche auf dem Ursprungs-Leistungsschild außer DB eine dieser Bezeichnungen aufweisen, scheiden für die Anwendung der Tabellen in dieser Broschüre aus.

IV. **Drehstrommotoren aus den Baujahren nach 1930, Leiterzahl im Ständer, Drahtquerschnitt im Ständer:**

Diese Motoren weisen gegenüber den Tabellenwerten in der Regel eine geringere Leiterzahl im Ständer und einen geringeren Leiterquerschnitt im Ständer auf.
Für Motoren aus den Baujahren nach 1930 gelten die Tabellen 18 bis 21.

V. **Leerlaufstrom-Messung:**

Es empfiehlt sich, möglichst in allen Fällen den Leerlaufstrom (Magnetisierungsstrom) der Motoren festzustellen.
Diese Messung hat jedoch nur dann einen Wert, wenn dieselbe bei richtiger Betriebsspannung und vor allen Dingen bei der richtigen Netzfrequenz vorgenommen wird.

Gegenüberstellung: Wicklungsgewichte / Baujahre

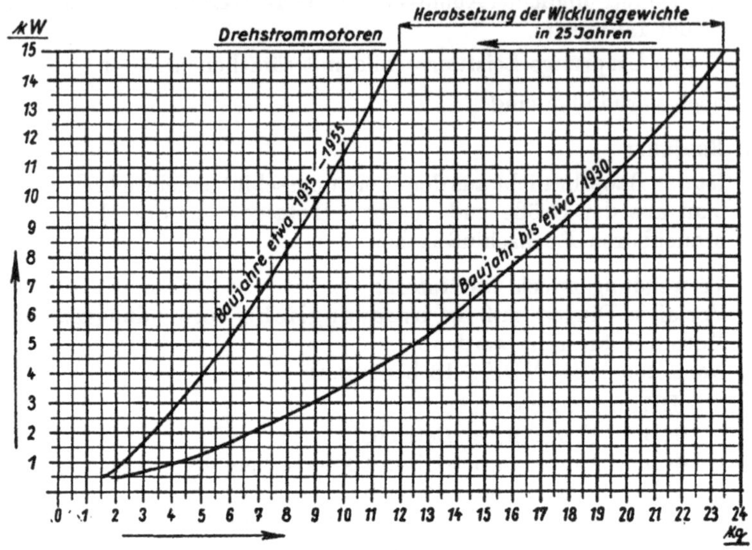

Abb. 1a

Wicklungsgewichte für Ständer-Kupferwicklungen normaler, offener und ventiliert geschützter 4poliger Drehstrommotoren, 50 Hz

Anmerkungen:

1. In dem Abstand der beiden Kurven kommt die allmähliche Herabsetzung (Einsparung) der Wicklungs-Kupfergewichte im Ablauf einer Entwicklungszeit von etwa 25 Jahren zum Ausdruck.
2. Die Herabsetzung der Kupfergewichte wurde im wesentlichen durch folgende Maßnahme erreicht:
   a) Verbesserte Kühlung durch Vergrößerung der Abstrahlflächen (Kühlrippen), Anordnung von Lüfterflügel auf der Läuferwelle;
   b) Erhöhung der spezifischen Stromdichte (Ampere/mm²) im Leiterwerkstoff;
   c) Heraufsetzung der Wicklungstemperatur = erhöhte thermische Beanspruchung der Wicklungsisolation (VDE 0530);
   d) Übergang von Einschicht-Zweietagenwicklungen auf gesehnte Zweischichten-Formspulenwicklungen;
   e) Verwendung von Lackdraht an Stelle 2. Bw. umsp. Draht;
   f) Fortfall der Umbandelung der Wicklungselemente (bessere Wärmeabfuhr);
   g) Einsatz von Isolierstoffen mit erhöhter thermischer Beständigkeit;
   h) Erhöhung der Liniendichte im aktiven Eisen/cm².
3. Die Auswertungen der Kurven ergeben Vergleichs-Näherungswerte (Mittelwerte), weil die Wicklungsgewichte bei den verschiedenen Fabrikaten trotz gleicher Bau-

jahre, gleicher Polzahl, Bauart und Nennleistung unvermeidbare Unterschiede aufweisen. Überdies kann das Alter (Baujahr) der Motoren in vielen Fällen nur durch Schätzung und persönliche Erfahrungen einigermaßen zutreffend ermittelt werden.

4. Von entscheidender Bedeutung ist jedoch die Erkenntnis, daß prinzipiell erhebliche Gewichtsunterschiede bestehen (je nach dem Baujahr bis zu etwa 50%). Diese Unterschiede wirken sich folgerichtig auf die Vorgabezeiten aus.

Gegenüberstellung: Polflächen / Baujahre

Drehstrommotoren, 4polig, 50 Hz.

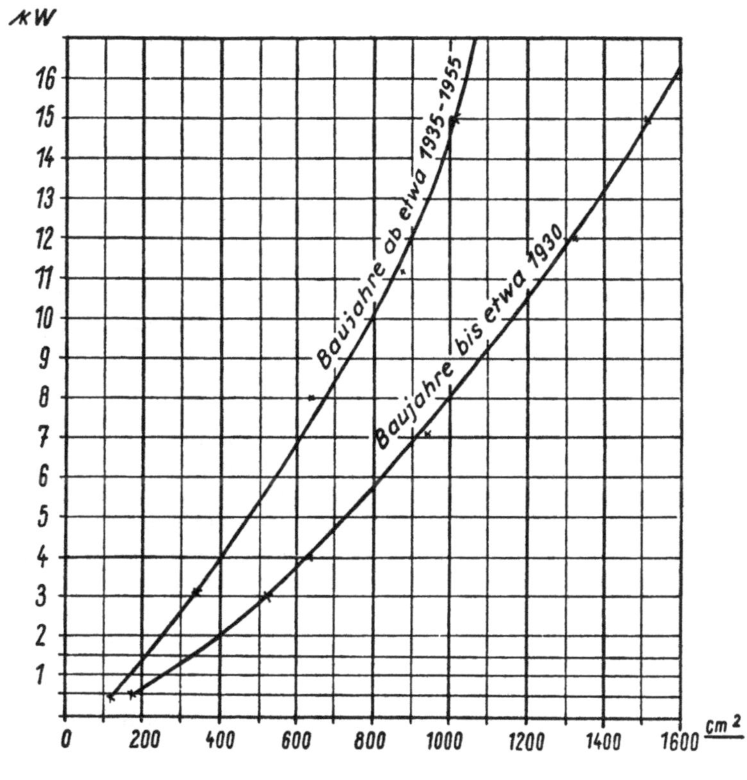

Abb. 1b

Aus diesem Schaubild wurden die Näherungswerte für die Spalten 4 und 5 der Tab. 34 entnommen. Die beiden Kurven beziehen sich auf normale, offene und ventiliert geschützte Drehstrom-Asynchronmotoren für DB-Betrieb und Spannungen bis 500 Volt, 50 Hz, Baujahr etwa 1930—1955.

I. Teil

Die Schnellbestimmung der Wickeldaten bei normalen Drehstrommotoren

In den Instandsetzungswerkstätten elektrischer Maschinen sucht man seit vielen Jahren nach einem Verfahren, welches ohne mathematische Vorkenntnisse für die Rekonstruktion verlorengegangener Wickeldaten erfolgreich in der Praxis des Elektromaschinenbauer-Handwerkes angewandt werden kann.

Das nachstehend beschriebene Schnellverfahren nach Raskop verzichtet daher auf die Anwendung komplizierter mathematischer Formeln und langwieriger Berechnungsgänge. Es geht davon aus, daß der Erbauer und Berechner elektrischer Maschinen seine Berechnungsarbeit mit der Dimensionierung und Ausgestaltung des aktiven Eisens (Blechpakete des Ständers und Läufers) beginnt und daß diese wichtigen Unterlagen, sowie im Regelfalle auch das Leistungsschild des Motors als unveränderliche Werte für die Rekonstruktion der Wickeldaten erhalten bleiben.

Das Verfahren geht weiter davon aus, daß der magnetische Wert (Wattverlustziffer) der bei Drehstrommotoren verwendeten Dynamobleche bei allen Fabrikaten ziemlich einheitlich ist und daß somit auch die Werte der magnetischen Beanspruchung des aktiven Eisens nur geringe Schwankungen aufweisen.

Sind nun aus irgendeinem Grunde die Ursprungswickeldaten eines normalen, offenen Drehstrommotors verlorengegangen, so steht im Regelfalle das ursprünglich vom Erbauer für eine bestimmte Leistung und Polzahl (Drehzahl) ausgelegte aktive Eisen zur Verfügung.

Die im Rahmen der Wiederinstandsetzung gestellte Aufgabe beschränkt sich daher auf die Ermittelung der Leiterzahl, des Leiterquerschnittes und der Schaltung der Wicklungselemente.

Es ist nun wichtig zu wissen, daß die erforderliche Leiterzahl, bezogen auf das jeweils vorhandene aktive Eisen, der Netzspannung, Polzahl (Drehzahl) und der Netzfrequenz (in der Regel 50 Hertz) in unmittelbarem Zusammenhang mit der totalen Polfläche, ausgedrückt in cm^2, steht.

Ist die Größe der Polfläche, die Polzahl, Netzspannung und die Netzfrequenz bekannt, dann läßt sich die erforderliche Leiterzahl hierfür aus einer Tabelle entnehmen.

Diese Tabellen hat der Verfasser für die Netzspannung 380/220 Volt, für die Netzfrequenz $= 50$ und für die Polzahlen 2, 4, 6 und 8 zusammengestellt.

Für jeden praktischen Fall muß zunächst die totale Polfläche durch einen recht einfachen Berechnungsgang ermittelt werden.

Die Berechnung der totalen Polfläche

Die Polfläche ergibt sich aus:

$$p = D \cdot 3{,}14 \cdot L\,.$$

In dieser Formel bedeuten die Buchstaben:

p = totale Polfläche in cm²,

D = innerer Durchmesser der Ständerbleche in cm,

L = die Packlänge des Ständerblechpaketes in cm.

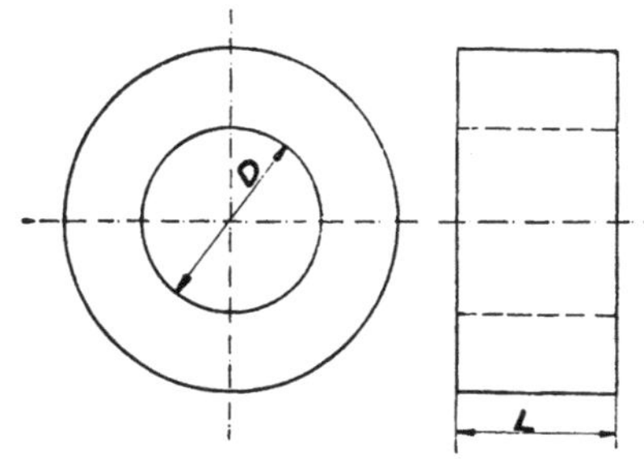

Abb. 1 c. Entnahme der Maße für die Berechnung der Polfläche

Beispiel für die Ermittelung der Polfläche

innerer Ständerdurchmesser = 10 cm,
aktive Packlänge = 7 cm.

Dann ergibt sich die totale Polfläche mit:

$$10 \cdot 3{,}14 \cdot 7 = 219{,}8 \text{ cm}^2.$$

Die aktive Packlänge weist bei Drehstrommotoren größerer Leistungen öfter einen oder sogar mehrere Luftkanäle auf. In solchen Fällen muß die sogenannte ideelle Packlänge wie folgt ermittelt werden:

Ideelle Packlänge

= Packlänge ohne Luftkanäle
+ Packlänge einschließlich Luftkanäle : 2.

Sind beispielsweise 2 Luftkanäle von je 1 cm Breite vorhanden, dann würde die ideelle Packlänge in dem gewählten Beispiel

$$\frac{5 + 7}{2} = 6 \text{ cm}$$

betragen.

Die Bestimmung der totalen Leiterzahl im Ständer

Zu dem ermittelten Wert der totalen Polfläche in cm² muß unter Berücksichtigung der

Spannung,
Netzfrequenz,
Polzahl des Motors

der Tabellenwert gesucht werden, welcher der gefundenen Zahl (im Beispiel 219,8) entspricht bzw. am nächsten liegt.

Es ist darauf zu achten, daß die Tabellenwerte für die totale Leiterzahl im Ständer sich nur auf die Netzspannung = 380/220 Volt, Stern-Dreieckschaltung und nur auf die Frequenz = 50 Hertz beziehen.

Von Zufällen abgesehen, wird die jeweils errechnete Polfläche stets mehr oder weniger von den Tabellenwerten abweichen. Kleine Differenzen können unberücksichtigt bleiben. Für den Regelfall ist jedoch zu empfehlen, bei nennenswerten Abweichungen das Mittel aus dem nächst höheren und dem nächst niedrigeren Tabellenwert zu wählen.

Nimmt man unter Beibehalt des obigen Beispieles an, daß es sich um einen normalen 4poligen Drehstrommotor handelt (bei 50 Hertz = 1500 n), dann findet man in der Tabelle 4, Spalte 2, den nächst höheren Wert der Polfläche mit 242 und den nächst niedrigeren Wert mit 186,5. Der Mittelwert aus diesen beiden Tabellenwerten ist dann:

$$\frac{242 + 186{,}5}{2} = 214{,}3.$$

Die Differenz beträgt dann nur 4,5 cm² (218,8 — 214,3 = 4,5). Die zu dieser Polfläche gehörige Leiterzahl ergibt sich ebenfalls aus dem Mittelwert, der mit

242 und 186,5 in der Tabelle 4, Spalte 3, angeschriebenen Leiterzahl, und zwar aus:

$$\frac{3240 + 2500}{2} = 2870 \text{ Leiter im Ständer!}$$

Hat der Ständer eine Nutenzahl von 36, dann entfallen je Nute: 2870 : 36 = rund 80 Leiter/Nute.

Die Bestimmung des Leiterquerschnittes
(Drahtquerschnittes)

Wenn man unter Berücksichtigung der erforderlichen Nutenisolation und unter sorgfältigster Ausnutzung des jeweils vorhandenen Nutenraumes einen Drahtdurchmesser wählt, der bei Anwendung von 80 Leiter den Nutenraum bestmöglichst ausfüllt, dann kann man allein durch praktische Versuche den richtigen Drahtdurchmesser finden.

Man kann aber auch davon ausgehen, daß die spezifische Strombelastung je mm² Leiterquerschnitt bei Anwendung von Kupferdrähten und normaler, offener Ausführung, bei neuzeitlichen Typen etwa zwischen 4 und 6 Amp/mm², bei Motoren älteren Baujahres etwa 3—4 und bei den ältesten Typen etwa 2—3,5 Amp/mm² liegt.

Der Nennstrom, der bei betriebsmäßiger Belastung durch die Ständerwicklung fließt, kann im Regelfalle dem Leistungsschild, notfalls aber auch einer Tabelle (siehe Tabelle 17) entnommen werden.

Tabelle 1

Über Drahtdurchmesser, Drahtquerschnitt und Strombelastung in Amp./mm² (Kupferdrähte)

1	2	3	4	5	6	7	8
Draht-durchmesser in mm	Quer-schnitt in mm	Strombelastung in Amp. bei einer Stromdichte von					
		1	2	3	4	5	6
		Amp. je mm²					
0,1	0,0078	0,008	0,016	0,024	0,032	0,04	0,048
0,2	0,0314	0,04	0,08	0,12	0,16	0,20	0,24
0,3	0,0706	0,08	0,16	0,24	0,32	0,40	0,48
0,4	0,1256	0,13	0,26	0,39	0,52	0,65	0,78
0,5	0,1963	0,20	0,40	0,60	0,80	1,0	1,2
0,6	0,2827	0,30	0,60	0,90	1,20	1,50	1,80
0,7	0,3848	0,40	0,80	1,20	1,60	2,0	2,4
0,8	0,5026	0,50	1,0	1,5	2,0	2,5	3,0
0,9	0,6361	0,60	1,20	1,80	2,4	3,0	3,6
1,0	0,7854	0,80	1,60	2,40	3,20	4,0	4,8
1,1	0,9503	1,00	2,00	3,00	4,00	5,00	6,00
1,2	1,1310	1,10	2,2	3,3	4,4	5,5	6,6
1,3	1,3273	1,3	2,6	3,9	5,2	6,5	7,8
1,4	1,5394	1,5	3,0	4,5	6,0	7,5	9,0
1,5	1,7672	1,8	3,6	5,4	7,2	9,0	10,8
1,6	2,0106	2,0	4,0	6,0	8,0	10,0	12,0
1,7	2,2698	2,2	4,4	6,6	8,8	11,0	13,2
1,8	2,5447	2,5	5,0	7,5	10,0	12,5	15,0
1,9	2,8353	2,8	5,6	8,4	11,2	14,0	16,8
2,0	3,1416	3,1	6,2	9,3	12,4	15,5	18,6

Beträgt der Nennstrom im vorliegenden Beispiel bei 380 Volt = 1,8 Amp. und handelt es sich um eine neuzeitliche Ausführung des Motors, dann ergibt sich der Leiterquerschnitt zu

$$1{,}8 : 5 = 0{,}36 \text{ mm}^2.$$

Diesem Querschnitt entspricht gemäß Tabelle 1 ein Drahtdurchmesser von 0,65—0,7 mm.

Zur Kontrolle, ob 80 Leiter von 0,7 mm ∅ in den Nutenraum untergebracht werden können, kann man 80 kurze Drahtenden versuchsweise

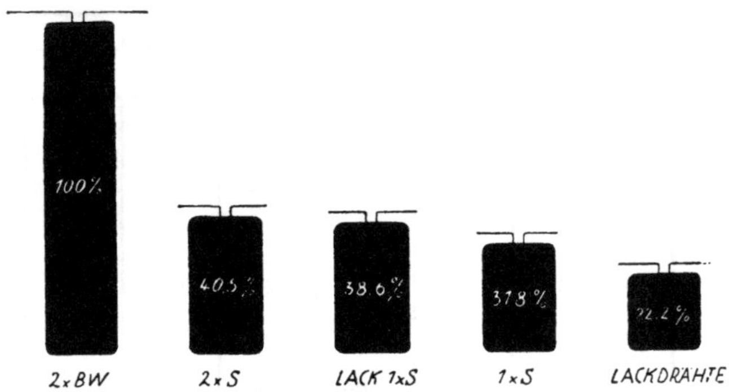

Abb. 2. Raumausnutzung der Nuten bei Verwendung von Drähten mit verschiedener Zunahme

in den Nutenraum anordnen und an Hand dieses Versuches feststellen, ob man etwa einen etwas stärkeren Draht 0,75—0,8 mm ∅ wählen kann, oder ob man einen etwas schwächeren Draht (0,6 mm ∅) wählen muß, um unter bestmöglichster Ausnutzung des Nutenraumes die erforderlichen 80 Leiter/Nute unterzubringen.

Der Nutenraum muß auf alle Fälle immer gut ausgenutzt, d. h. er muß bestmöglichst mit aktivem Leitermaterial ausgefüllt werden. Je besser der Nutenraum ausgenutzt wird, d. h. je stärker der Wickeldraht gewählt wird, je höher ist der Leistungswert des Motors bzw. je geringer ist die Erwärmung der Wicklung bei Nennbelastung.

Beispiel für die praktische Anwendung der Tabelle 1:

Es wird der Drahtdurchmesser für die Ständerwicklung eines 5,5 kW, 7,5 PS Drehstrommotors, 380/220 Volt, 1450 n neuzeitlicher Ausführung, normale offene Bauart gesucht.

Gemäß Leistungsschild nimmt der Motor bei 380 Volt einen Nennstrom = 11,6 Amp. auf. Die Ständerwicklung ist in Stern und die Spulen einer Wicklungsphase sind in Reihe geschaltet.

Da es sich um eine normale, offene Ausführung jüngeren Baujahres handelt, so kann man eine spezifische Strombelastung von 5 Amp./mm² in der Ständerwicklung zulassen.

Man sucht nun in Spalte 7 die Zahl, die der Zahl 11,6 Amp. am nächsten liegt. Dieses ist die Zahl 11,0. Nach links findet man nun in Spalte 1 den erforderlichen Drahtdurchmesser mit 1,7 mm bis 1,75 mm.

Derselbe Motor in älterer Ausführung (früheren Baujahres) weist einen stärkeren Drahtdurchmesser auf. Nimmt man die Stromdichte mit 4 Amp./mm² an, dann findet man nach Spalte 6 über die Zahl 11,2 Amp. nach links in Spalte 1 einen Drahtdurchmesser von 1,9 mm. Die Nutenraumkontrolle gibt Klarheit darüber, ob der so gefundene Drahtdurchmesser den vorhandenen Nutenraum richtig ausfüllt bzw. ob man einen schwächeren Durchmesser wählen muß, oder ob man einen stärkeren Drahtdurchmesser wählen kann.

Es ist erklärlich, daß bei Verwendung von Lackdraht bei gleicher Leiterzahl/Nute ein stärkerer Drahtdurchmesser gewählt werden kann, als bei Anwendung umsponnener Drähte.

Anderseits dürfen aber auch die Drähte in den Nuten nicht unter zu hohem Anlagedruck stehen. Diese Forderung ist insbesondere bei Lackdrahtwicklungen zu erfüllen, weil hierbei die Gefahr eines Windungs- oder Lagenschlusses infolge der Anlösungsvorgänge beim Imprägnieren und Trocknen der Wicklungen gegeben ist. Hier sollen die Drähte in den Nuten locker liegen. Die Kurzschlußfestigkeit der Wicklung muß durch Anwendung backfähiger Tränklacke erreicht werden.

Die Bestimmung des Leiterquerschnittes nach dem Nutenfüllfaktor

Unter der Bezeichnung „Nutenfüllfaktor“ versteht man das Verhältnis des effektiven Nutenquerschnittes zu dem gesamten Kupferquerschnitt einer Nute.

Der Nutenfüllfaktor gibt also an, welcher Teil des Nutenraumes mit Nutenisolation, Drahtumspinnung, Nutenverschlußkeil und Luftzwischenräume, und welcher Teil mit Leiterwerkstoff (Kupferdraht) ausgefüllt ist.

Bei hoher Leiterzahl, dünnen Drähten und Textilumspinnung ist der Nutenfüllfaktor schlechter als bei weniger Leitern stärkeren Querschnittes und Lackdrähten.

In der Tabelle 2 sind die Nutenfüllfaktoren bezogen auf umsponnene Drähte und Spannungen bis 500 Volt zusammengestellt.

1. Beispiel zur Tabelle 2:

Beträgt der effektive Nutenraum in mm² beispielsweise 212 mm² und kommt gemäß Tabelle 2 ein Nutenfüllfaktor von 0,30 in Betracht, dann ergibt sich der Raum, welcher mit Kupfer ausgefüllt wird, zu

$$212 \cdot 0{,}30 = 63{,}6 \text{ mm}^2.$$

Teilt man nun die 80 Leiter (gemäß des Beispieles) auf diesen Querschnitt auf, dann erhält man den Leiterquerschnitt

$$\frac{63{,}6}{80} = 0{,}79 \text{ mm}^2 = 1{,}0 \text{ mm } \varnothing.$$

Tabelle 2

der Nutenfüllfaktoren für normale, offene Drehstrommotoren

mit halbgeschlossenen Nuten und Spannungen bis 500 Volt

Drahtdurchmesser nackt in mm ∅	Nuten-Füllfaktor
0,16	0,14 —0,15
0,20	0,15 —0,16
0,30	0,16 —0,17
0,40	0,17 —0,18
0,50	0,184—0,190
0,70	0,20 —0,22
0,80	0,22 —0,23
0,90	0,225—0,230
1,0	0,23 —0,24
1,2	0,25 —0,26
1,4	0,27 —0,28
1,6	0,29 —0,30
1,8	0,30 —0,32
2,0	0,31 —0,34
2,2	0,32 —0,35
2,4	0,33 —0,36

Für die Anwendung der Tabelle 2 muß man jeweils den ungefähren Drahtdurchmesser (Leiterquerschnitt) schätzen.

2. Beispiel: **Lackdrahtwicklungen**

Bei Anwendung von Lackdraht ist der Nutenfüllfaktor erheblich besser als bei Bw. umsponnenen Draht, wie aus der graphischen Darstellung Abb. 2 hervorgeht.

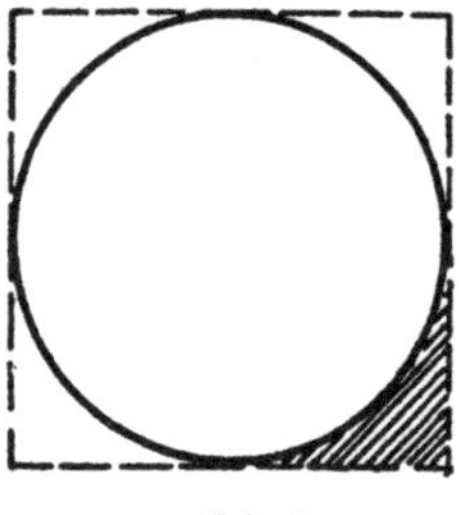

Abb. 3
Ermittelung des Nutenfüllfaktors nach dem Quadrat um den Drahtdurchmesser

Nach Abb. 3 kann man das Quadrat um den Drahtdurchmesser als Grundlage für die Kontrolle des Nutenraumes wählen. Der schraffierte Teil stellt den Verlustraum dar.

Bei einem effektiven Nutenraum von 212 mm² und einem Lackdrahtdurchmesser von 1 mm ergibt sich bei einer Leiterzahl/Nute = 80 der erforderliche Wickelraum aus

$$80 \cdot 1 = 80\ \text{mm}^2.$$

Der Nutenfüllfaktor ist daher:

$$80 : 212 = 0{,}38.$$

Bei Formspulen-Träufelwicklungen und Verwendung von Lackdraht kann man mit einem Nutenfüllfaktor von etwa 0,4 rechnen.

Bei sorgfältig ausgenutztem Nutenraum (lagenweise Anordnung der Leiter/Nute) kann man mit einem Nutenfüllfaktor von 0,4—0,5 rechnen.

Bei Motoren der älteren Baujahre ist der Nutenraum vom Hersteller im Regelfalle für Dynamodrähte 2 · Bw. Umspinnung ausgelegt. Bei Verwendung von Lackdrähten ist daher reichlicher Wickelraum vorhanden, und es ist daher darauf zu achten, daß die gestreckte Drahtlänge einer Spule nicht kürzer wird als bei der Ursprungswicklung. Andernfalls erhöht sich der Leerlaufstrom und damit die ursprüngliche Charakteristik des Motors.

Bei den neuzeitlichen Drehstrom-Kleinmotoren (bis etwa 5,5 kW) ist der Ständer-Nutenraum in der Regel für Lackdraht dimensioniert. In solchen Fällen muß auch wieder Lackdraht zur Anwendung kommen.

Tabelle 3

Baujahr bis 1930

2polig, 3000n, 50 Hertz
380/220 Volt

Totale Polfläche und Leiterzahl im Ständer
für normale, offene Drehstrommotoren, Dauerbetrieb

1	2	3	4		5	
Lfde. Nr.	Totale Polfläche in cm²	Leiterzahl im Ständer	Leiterzahl je Nute bei 36 Nuten	Leiterzahl je Nute bei 24 Nuten	Leistung PS	Leistung kW
1	51	5400		225	1/6.	
2	74	4560		190	0,45	0,33
3	88	3780		158	0,75	0,55
4	110	2304		96	1,0	0,74
5	138	2030	56		1,5	1,1
6	155	1770	49		2,0	1,5
7	240	1630	45		2,5	1,85
8	254	1548	43		2,75	1,9
9	267	1150	32		3,0	2,2
10	377	888	25		4,5	3,3
11	547	820	23		7,5	5,5
12	740 ·	702 ·	20		10,0	7,5
13	876	648	18		12,5	9,2
14	900	550	15		15,0	11,0
15	1100	380	10		25,0	18,5

Tabelle 4

Baujahr bis 1930	4 polig, 1500 n, 50 Hertz 380/220 Volt

Totale Polfläche und Leiterzahl im Ständer

für normale, offene Drehstrommotoren, Dauerbetrieb

1	2	3	4			5	
Lfde. Nr.	Totale Polfläche in cm²	Totale Leiterzahl im Ständer	Leiterzahl je Nute bei			Leistung	
			48	36	24	PS	kW
1	113	5400		150	225	0,25	0,19
2	170	3530		98	147	0,5	0,37
3	186,5	3240		90	135	0,75	0,55
4	242	2500		70	104	1,0	0,74
5	255	2340		65	98	1,5	1,1
6	345	1800		50	75	2,0	1,45
7	414	1656		46	69	3,0	2,2
8	544	1296		36	54	4,0	3,0
9	647	1008		28	42	5,0	3,7
10	857	828	18	23		8,5	6,0
11	923	756	16	21		11	8,1
12	1320	576	12	16		16	12
13	1500	540	11	15		22	16
14	1900	396	8	11		28	20,5
15	2417	306	6/7	8/9		45	33
16	2510	288	6	8		65	48
17	2900	240	5	6		80	59

Tabelle 5

Baujahr bis 1930	6 polig, 1000 n, 50 Hertz 380/220 Volt

Totale Polfläche und Leiterzahl im Ständer
für normale, offene Drehstrommotoren, Dauerbetrieb

1	2	3	4		5	
Lfde. Nr.	Totale Polfläche in cm^2	Totale Leiterzahl im Ständer bei 380 V	Leiterzahl je Nute bei Nutenzahl		Leistung	
			54	36	PS	kW
1	203,5	4608		128	0,33	0,24
2	264	3600		100	0,5	0,37
3	282	3240		90	1,0	0,74
4	370	2512		69	1,5	1,1
5	454	2304		64	2,0	1,45
6	570	1656		46	3,0	2,2
7	735	1404		39	4,0	3,0
8	795	1350	25	37,5	5,0	3,7
9	960	1080	20		6,5	4,8
10	1060	1026	19		8,5	6,0
11	1500	756	14		11,0	8,1
12	1725	648	12		16	12,0
13	2250	486	9		22	16
14	2450	459	8/9		28	20,5
15	2770	432	8		35	25,5
16	2850	405	7/8		45	33
17	2975	378	7		60	44
18	3150	324	6		75	55

Beispiel:

Der **AEG-Drehstrommotor, Typ D 1000/7,5,** 950 n, 380/220 Volt, 7,5 PS, 5,5 kW (ältere Type).

a) **Aktives Eisen:**
Nutenzahl = 54
innerer Ständerdurchmesser = 24,5 cm
Packlänge = 12 cm

b) **Totale Polfläche des Ständers:**
$24{,}5 \cdot 3{,}14 \cdot 12 = 924\ cm^2$.

c) **Leiterzahl im Ständer:**
Gemäß Tabelle 5, Spalte 3 = 1210 (Mittelwert)
je Nute = 22
Ursprungsleiterzahl der AEG = 22/Nute.

Tabelle 6

Baujahr bis 1930	8 polig, 750 n, 50 Hertz 380/220 Volt

Totale Polfläche und Leiterzahl im Ständer
für normale, offene Drehstrommotoren, Dauerbetrieb

1	2	3	4		5	
Lfde. Nr.	Totale Polfläche in cm²	Totale Leiterzahl im Ständer	Leiterzahl je Nute bei Nutenzahl		Leistung	
			72	48	PS	kW
1	657	2214			3,5	2,6
2	965	1565			5,0	3,7
3	1045	1450			7	5,2
4	1500	1080			10	7,4
5	1700	918		19	15	11
6	1800	790	11	16	20	14,5
7	2250	602	8,5	12,5	25	18,5
8	2365	590	8	12	35	26
9	2950	468	6,5	9,7	45	33

Beispiel:

AEG-Drehstrommotor, Typ D 750/20, 20 PS, 14,5 kW, 380/220 Volt, 750 n.

a) **Aktives Eisen:**

Nutenzahl im Ständer = 72
innerer Ständerdurchmesser = 36 cm
Packlänge = 24 cm.

b) **Totale Polfläche:**

2712 cm².

c) **Leiterzahl im Ständer:**

Gemäß Tabelle 6, Spalte 3 = 529 (Mittelwert aus lfd. 8 und 9)
je Nute = 7,3 (abgerundet = 7)
Ursprungsleiterzahl der AEG = 7 Leiter(je Nute genau 7,5).

Die Aufteilung wird durch Parallelschalten der Ständernuten erzielt.

Die Bestimmung der Nennleistung des Drehstrommotors

Besitzt der in Frage stehende Motor nicht mehr das Ursprungsleistungsschild, dann kann die annähernde Leistung nach Maßgabe der Bauart, der Drehzahl und der Abmessungen des aktiven Eisens sowie nach dem Leiterquerschnitt der Ständerwicklung geschätzt werden.

Die wirkliche Leistung sollte in jedem Falle durch eine ordnungsmäßige Leistungsmessung (siehe Raskop, Das Berechnungsbuch des Elektromaschinenbauer-Handwerks, 7. Auflage) am Schlusse der Arbeiten ermittelt und auf dem Leistungsschild vermerkt werden.

Will man die annähernde Leistung nach Maßgabe des aktiven Eisens schätzen, dann muß man stets das Baujahr berücksichtigen, in welchem der Motor hergestellt wurde.

Die Abmessungen des aktiven Eisens und somit auch die Gewichte der Drehstrommotoren stehen in unmittelbarem Zusammenhang mit dem Baujahr, wie dies aus der nachstehenden Tabelle 7 für einen 3,7 kW, 5,0 PS Drehstrommotor 1450 n (4-polig) zum Ausdruck kommt.

Tabelle 7

Totalgewichte eines 4poligen 5 PS Drehstrommotors normaler, offener Ausführung

Baujahr	1893	1899	1901	1924	1930	Bemerkung
Totalgewicht	250	215	155	85	42	in kg

Es ist erklärlich, daß die Motoren der ältesten und älteren Baujahre eine größere Leistungsreserve (Überlastbarkeit) besitzen, als diejenigen aus den letzten Baujahren. Die älteren Typen enthalten wesentlich größere Mengen an aktiven Baustoffen (Eisen und Kupfer), und wenn man die derzeit zulässigen Wicklungstemperaturen zugrunde legt, dann kann man im Regelfalle aus den Motoren älterer Baujahre eine erheblich höhere Leistung herausholen, als auf dem Leistungsschild vom Hersteller vermerkt ist.

Die praktisch mögliche Höchstleistungsabgabe solcher Typen kann jedoch nur nach Neuberechnung der Ursprungswickeldaten erreicht werden.

Macht man von diesen Möglichkeiten Gebrauch, dann gilt der Motor nach bestehender Rechtsauffassung nicht mehr als Ursprungserzeugnis des Herstellers. Nach Handelsbrauch kann man den ursprünglichen Hersteller nennen, muß jedoch hinzufügen, daß der Motor umgewickelt und das Leistungsschild geändert worden ist.

Für die neuen, auf dem Leistungsschild vermerkten Leistungsdaten ist nicht mehr der Ursprungshersteller, sondern die Firma haftbar, welche die Umwicklung ausgeführt und den Motor mit neuem Leistungsschild versehen hat.

Leistung, Bauart, Betriebsart

Die Leistungsabgabe steht auch mit der baulichen Ausführung des Motors im ursächlichen Zusammenhang. Die Werte in den Tabellen 3 bis 6, Spalten 5, beziehen sich grundsätzlich auf normale, offene Ausführung, ventilierte und tropfwassergeschützte Ausführung.

Bei vollkommen geschlossenen Typen mit oder ohne zusätzliche Oberflächenkühlung liegen die Leistungswerte niedriger.

Die Leistungswerte der Tabellen 3 bis 6 beziehen sich auch nur auf Motoren für Dauerbetrieb.

Motoren für kurzzeitigen Betrieb und Dauerbetrieb mit kurzzeitiger Belastung, sowie solche für aussetzenden Betrieb und Dauerbetrieb mit aussetzender Belastung weisen bei gleichen Abmessungen eine höhere Leistung auf, als solche für Dauerbetrieb.

Es müssen daher eine ganze Anzahl Faktoren berücksichtigt werden, wenn man die Leistungsabgabe eines Motors annähernd zutreffend schätzen will. Ein wirklich zutreffendes Bild ergibt nur die Leistungsmessung im Dauerbetrieb.

Beschaffenheit des aktiven Eisens (Luftspalt)

Die aussichtsreiche Anwendung der Tabellen 3 bis 6 setzt voraus, daß das aktive Eisen des Ständer- und Läuferblechpaketes noch die ursprüngliche Beschaffenheit und die vom Hersteller festgelegten Abmessungen besitzt.

Vor allen Dingen muß die Größe des einseitigen Luftspaltes zwischen Ständer und Läufer den Ursprungswert aufweisen. Einen ungefähren Anhalt über die Größe des einseitigen Luftspaltes normaler Drehstrommotoren gibt die Tabelle 8.

Ist beispielsweise der Luftspalt zwischen Ständer und Läufer nachträglich über dem Normwert vergrößert worden oder wurden die Nutenschlitze aufgefeilt, um das Einfädelverfahren beim Wickeln zu umgehen, dann ist das aktive Eisen vielfach nicht mehr verwendbar. Es ist in solchen Fällen jedenfalls kein einwandfreies Arbeiten der Motoren zu erwarten.

Weniger wichtig ist die Alterung (Ermüdung) des aktiven Eisens infolge Nachlassen der ursprünglichen magnetischen Eigenschaften und der Befund der Blechisolation im Ständerblechpaket.

Soweit die mechanische Festigkeit (Pressung) des Blechpaketes keine nachteilige Veränderung erfahren hat, können in vielen Fällen die Blechpakete ohne Aufbereitung wieder bewickelt werden. Dies trifft bedingt

Tabelle 8

über den einseitigen Luftspalt bei normalen Drehstrommotoren

Leistung in PS	Einseitiger Luftspalt in mm
0,25— 0,5	0,25—0,30
0,75— 0,5	0,30—0,35
1,5 — 2,0	0,35—0,40
3 — 8	0,45—0,50
10 — 15	0,50—0,60
20 — 25	0,65—0,75
35 — 50	0,80—1,0
75 —100	1,0 —1,25

auch auf Motoren zu, die durch Wasser- oder Brandschäden offensichtlich gelitten haben.

Die Isolation zwischen den einzelnen Blechen hat in dem Läufer überhaupt eine untergeordnete Bedeutung, weil hier nicht die Netzfrequenz (in der Regel 50 Hertz), sondern nur ein geringer Bruchteil hiervon (etwa 6—8%) in Betracht kommt.

Bei starken Brandschäden sind die Blechpakete meist locker und deshalb in diesem Zustande nicht mehr verwendbar. Leichte Brandschäden der Blechpakete können im Regelfalle durch eine Tauchung in erhitztem Isolierlack und anschließender Trocknung im Ofen beseitigt werden. Nur in seltenen Fällen ist es geboten, die Blechpakete abzubauen, die einzelnen Bleche einseitig zu lackieren (vorher Zunder beseitigen) und anschließend wieder mit ausreichendem Druck zusammenzupressen.

Leiterzahl und Wickelschritt

Die in den Tabellen 3 bis 6 angeschriebenen Leiterzahlen beziehen sich grundsätzlich auf ungekürzte Wickelschritte (gleich der Polteilung).

Soll der Wickelschritt bei der Herstellung der neuen Wicklung aus irgend einem Grunde verkürzt gewählt werden (Sehnung), so muß die gefundene Tabellen-Leiterzahl im Verhältnis zu der Abweichung von der Polteilung erhöht werden. Dieser Fall tritt beispielsweise ein, wenn die Wicklung als Zweischichten-Formspulenwicklung, 4-polig, Wickelschritt 1—8 bei 36 Nuten ausgeführt werden soll.

Der normale, also der Polteilung entsprechende Wickelschritt beträgt in diesem Falle

$$36 : 4 = 9\ (1—10).$$

Die Kürzung (Sehnung) beträgt bei Wickelschritt 1—8 somit 2 Nuten, und die Leiterzahl muß um etwa 8—10% erhöht werden. Wird dies unterlassen, dann stellt sich ein anormal hoher Leerlaufstrom (Magnetisierungsstrom) und somit eine Veränderung der ursprünglichen Leistungscharakteristik des Motors ein.

Tabelle 9

Die %-Erhöhung der Leiterzahl bei Anwendung gekürzter (gesehnter) Wickelschritte*)

4polig 36 Nuten	4polig 24 Nuten
Schritt 1—9 = 1,6% mehr Leiter	Schritt 1—6 = 3,8% mehr Leiter
1—8 = 6,5% mehr Leiter	1—5 = 15,5% mehr Leiter
1—7 = 15,5% mehr Leiter	1—4 = 41,6% mehr Leiter

Schulungsbeispiele für die Ermittelung der Leiterzahl und der annähernden Nennleistung

Beispiel 1:

Drehstrommotor AEG, Typ NWD 10/6, 910 n (6polig), 380/220 Volt.

a) **Aktives Eisen:**
Nutenzahl = 36
Innerer Ständerdurchmesser = 12,5 cm
Packlänge = 6,7 cm.

b) **Errechnete Polfläche:**
$12{,}5 \cdot 3{,}14 \cdot 6{,}7 = 262{,}64\ \text{cm}^2$ (Tabelle = $264\ \text{cm}^2$).

c) **Totale Leiterzahl für die Ständerwicklung** (gemäß Tabelle 5):
Leiterzahl nach Tabelle = 3600,
Leiterzahl je Nute = 3600 : 36 = 100.
Ursprungsleiterzahl der AEG = **98.**

Anmerkung: Der Typ NWD der AEG ist älteren Baujahres, etwa bis 1925.

Beispiel 2:

Drehstrommotor AEG, Typ DB/8/4, 1,1 kW, 1420 n, 380/220 Volt.

a) **Aktives Eisen:**
Nutenzahl im Ständer = 36
Innerer Ständerdurchmesser = 10 cm
Packlänge = 7,5 cm.

*) Nähere Einzelheiten über gesehnte Wickelschritte bei Dreiphasenwicklungen siehe Raskop: Der Katechismus für die Ankerwickelei, 12. Auflage, und Fachzeitschrift EMA, Jahrgang 1949, Heft 11/12, Seiten 168—172. Beides: Technischer Verlag Herbert Cram, Berlin W 35, Genthiner Str. 13.

b) **Errechnete Polfläche:**
10 · 3,14 · 7,5 = 236 cm².

c) **Totale Leiterzahl für die Ständerwicklung:**
Leiterzahl nach Tabelle 4 = 2500,
Leiterzahl je Nute = 2500 : 36 = 70.
Ursprungsleiterzahl der AEG = 65/Nute.

d) **Leistung:**
Gemäß Tabelle 4 = 0,74 kW.
Gemäß Ursprungs-Leistungsschild der AEG = 1,1 kW.

Anmerkung: Hier handelt es sich um einen neueren Typ der AEG. Die wirkliche Leistung liegt demnach etwas höher als die Tabellenleistung. (Grenzfall.)

Beispiel 3:

Drehstrommotor Sachsenwerke, Typ AND 13/260, 970 n, 380/220 Volt (6polig).

a) **Aktives Eisen:**
Nutenzahl des Ständers = 72
Innerer Ständerdurchmesser = 43 cm
Packlänge = 26 cm.

b) **Errechnete Polfläche:**
43 · 3,14 · 26 = 3510 cm².

c) **Totale Leiterzahl des Ständers:**
Leiterzahl gemäß Tabelle 5 = 308
Je Nute = 4 (abgerundet)
Ursprungsleiterzahl der Sa.W. = 4/Nute.

d) **Leistung:**
Gemäß Tabelle = 75 PS,
Gemäß Ursprungs-Leistungsschild = 43 kW = 59 PS.

Anmerkung: Die Ursprungswicklung ist vom Hersteller in Aluminium ausgeführt worden. In Kupfer würde die Leistung demnach um etwa 20—25% höher liegen. Demnach liegt die listenmäßige Kupferleistung des Motors bei 75 PS. (Sonderfall: Alu-Wicklung.)

Beispiel 4:

Drehstrommotor SSW, Typ R 35 — s, 0,8 kW, 1450 n, 380/220 Volt (4polig).

a) **Aktives Eisen:**
Nutenzahl des Ständers = 36
Innerer Ständerdurchmesser = 10 cm
Packlänge = 5,5 cm.

b) **Errechnete Polfläche:**
10 · 3,14 · 5,5 = 173 cm².

c) **Totale Leiterzahl des Ständers:**
Gemäß Tabelle 4 = 3530,
Je Nute = 98,
Ursprungsleiterzahl = 92/Nute.

d) **Leistung:**
Gemäß Tabelle 4 = 0,37 kW,
Gemäß Ursprungsleistungsschild = 0,8 kW.

Anmerkung: Wählt man den Mittelwert der Leiterzahl gemäß Tabelle zu 3384, dann ergibt sich die Leiterzahl/Nute zu: 3384 : 36 = 94/Nute. Die erhebliche Leistungsdifferenz hängt mit den verschiedenen Baujahren zusammen.

Beispiel 5:

Drehstrommotor DEW, Typ HD 50a, 1460 n, 22 PS, 16 kW, 380/220 Volt (4polig).

a) **Aktives Eisen:**
Nutenzahl im Ständer = 36
Innerer Ständerdurchmesser = 24 cm
Packlänge = 20 cm.

b) **Errechnete Polfläche:**
24 · 3,14 · 20 = 1507 cm².

c) **Totale Leiterzahl des Ständers:**
Gemäß Tabelle 4 = 540 (Mittelwert),
Je Nute = 15
Ursprungsleiterzahl der DEW = 15/Nute.

d) **Leistung:**
Gemäß Tabelle 4 = etwa 22 PS
Gemäß Ursprungsleistungsschild = 22 PS.

Anmerkung: Der Typ entspricht dem Baujahr der Motoren, die in der Tabelle zugrunde gelegt wurden.

Beispiel 6:

Drehstrommotor Kaiser, Typ D 22/4, 0,55 kW, 1420 n, 380/220 Volt (4polig).

a) **Aktives Eisen:**
Nutenzahl im Ständer =24
Innerer Ständerdurchmesser = 9,2 cm
Packlänge = 5,7 cm.

b) **Errechnete Polfläche:**
9,2 · 3,14 · 5,7 = 165 cm².

c) **Totale Leiterzahl des Ständers:**

Gemäß Tabelle 4 = 3530
Je Nute = 135
Ursprungsleiterzahl = 147/Nute.

d) **Leistung:**

Gemäß Tabelle = 0,37 kW,
Gemäß Ursprungsleistungsschild = 0,55 kW (Grenzfall).

Anmerkung: Es handelt sich hier wiederum um einen Motor jüngeren Baujahres, und es wurde schon wiederholt darauf aufmerksam gemacht, daß bei der Leistungsschätzung das Baujahr eine wesentliche Rolle spielt.

Dagegen zeigen die Tabellenergebnisse bezüglich der Leiterzahl im Ständer nur sehr geringe Abweichungen gegenüber der Ursprungsleiterzahl auf. Die Differenzen sind hier keineswegs größer als diejenigen, die bei Anwendung der bekannten mathematischen Berechnungsverfahren zu erwarten sind. Das Tabellenverfahren ist bei Erfüllung aller Bedingungen ebenso genau wie die ordentlichen Berechnungsverfahren.

Weitere Übungsbeispiele:

Auf den Seiten 46—52 sind die Abmessungen des aktiven Eisens und die Ursprungswickeldaten von serienmäßig hergestellten Drehstrommotoren namhafter Hersteller angegeben. Diese Unterlagen können als Übungsbeispiele verwendet werden.

Wichtige Hinweise!

Bei 2poligen Motoren, die ja im Regelfalle für direkte Kupplung mit der Arbeitsmaschine bestimmt sind, ist auf den jeweils vorliegenden Verwendungszweck zu achten.

Hier handelt es sich vielfach um Motoren, die kurzzeitig im Betrieb sind oder aus betrieblichen Gründen besondere Eigenschaften (Anlaufdrehmoment usw.) aufweisen (Kreiselpumpen).

Die wirkliche Leiterzahl liegt bei diesen Motoren möglicherweise niedriger (nie höher), als die Tabellenwerte angeben. Jedenfalls sind bei 2-poligen Motoren größere Abweichungen zu erwarten als bei 4- bis 8-poligen Motoren.

Wicklungsart, Wickelschritt und Schaltung der Ständerwicklung

Der Verfasser hat in seiner Broschüre: „Ein neues, zeitsparendes Schaltverfahren für Dreiphasen-Zweischichten-Formspulenwicklungen" die in der Drehstrom-Wickelei vorkommenden Wicklungsarten einer ausführlichen Betrachtung unterzogen und die Darlegungen durch Abbildungen erläutert.

Ist die Leiterzahl für den Ständer nach der vorliegenden Broschüre ermittelt, dann muß die Frage entschieden werden, welche Wicklungsart, welcher Wickelschritt und welche Schaltung der Wicklungselemente (Spulengruppen) gewählt werden soll.

Die Beantwortung dieser Fragen ist außerordentlich wichtig, denn das Endergebnis der Neuwicklung hängt nicht nur von der richtigen Leiterzahl im Ständer, sondern auch im beachtlichen Maße von der Wahl des Wickelschrittes, von der Schaltung der Spulen und von der gewählten Wicklungsart ab.

Ganz abgesehen hiervon stehen nicht immer, oder sogar nur selten, alle gängigen Drahtdurchmesser greifbar zur Verfügung. Man ist vielfach auf nur wenige Drahtdurchmesser angewiesen, und daher ist es vorteilhaft, eine Wicklungsart zu wählen, welche die höchste Anzahl von Schaltmöglichkeiten bietet.

Diese Wicklungsart ist zweifellos die Zweischichten-Formspulenwicklung mit Mehrfachspulen gleicher oder ungleicher Weite. Durch Anwendung dieser Wicklungsart ist es beispielsweise möglich, mit nur einem einzigen Drahtdurchmesser durch die Wahl paralleler Drähte (2 und 3 Drähte parallel) und mehrfacher Parallelschaltung der zu einer Wicklungsphase gehörenden Spulen, Maschinenleistungen von 1—12 kW zu erfassen.

Aus diesem Grunde wird man dieser Wicklungsart in vielen Fällen den Vorzug geben.

Erkennungsmerkmale für normale Drehstrommotoren (DB) aus den Baujahren etwa nach 1930

Die etwa nach dem Jahre 1930 hergestellten, magnetisch (Eisen) und elektrisch (Kupfer) hochausgenutzten, normalen Drehstrommotoren haben u. a. folgende Erkennungsmerkmale:

1. Die äußeren und inneren Abmessungen und die Totalgewichte sind geringer als bei den Motoren gleicher Leistung und Ausführung der älteren Baujahre.
2. Die effektive Leiterzahl im Ständer und der Leiterquerschnitt sind geringer als bei den Motoren gleicher Leistung und Ausführung aus den früheren Baujahren.
3. Der Leerlaufstrom ist wesentlich höher als bei den Motoren gleicher Leistung und Ausführung aus den früheren Baujahren.
4. Die Temperaturen an den Wicklungen und am aktiven Eisen liegen bei Nennlast höher als bei den Motoren gleicher Leistung und Ausführung aus den früheren Baujahren.
5. Die neuzeitlichen Drehstrommotoren sind im Regelfalle mit einer Zweischichten-Wicklung, diejenigen älterer Baujahre mit der althergebrachten Einschicht-Zweietagen-Wicklung mit Spulen ungleicher Weite ausgerüstet.

6. Die Schildleistungen (Nennleistungen) der neuzeitlichen Drehstrommotoren liegen höher als die Tabellenwerte (Spalte 5).

Diese Erkennungszeichen reichen für den Regelfall aus, um das ungefähre Baujahr ab etwa 1931 bei normalen Drehstrommotoren für Dauerbetrieb mit ausreichender Genauigkeit festzustellen.

I. Leerlaufstrom:

Der Leerlaufstrom beträgt bei den neuzeitlichen Drehstrommotoren (Baujahr nach 1930) etwa $33^1/_3$ bis 60% des Nennstromes, und zwar findet man im Regelfalle die höheren Werte bei den Motoren geringer Leistung und die niedrigeren Werte bei den Motoren mittlerer und höherer Leistungen, wobei der Leistungsbereich von etwa 0,25—20 kW gemeint ist.

II. Stromdichte/mm² Kupferleiter:

Die Stromdichte in den Ständerwicklungen liegen bei den Motoren älterer Baujahre um etwa 3—5 Amp./mm². Bei den neuzeitlichen Motoren beträgt die Stromdichte 4—6 Amp./mm² Kupferleiter, in manchen Fällen über 6 Amp.

III. Tabellen.

IV. Schildleistungen und Tabellenleistungen:

Die Schildleistungen der neuzeitlichen Motoren liegen höher als die in den Tabellen im Zusammenhang mit den Polflächen aufgeführten Leistungen (Spalte 5), und zwar um so höher, je jüngeren Baujahres (Konstruktionsdatum) die jeweils vorliegenden Motoren sind.

Zusammenfassung:

Die Rekonstruktion verlorengegangener Wickeldaten steht im engsten Zusammenhang mit der Wiederherstellung großer Mengen beschädigter Maschinen.

Die Bedeutung eines einfachen, brauchbaren Verfahrens für die Schnellbestimmung der Wickeldaten wird noch dadurch erhöht, daß in vielen Fällen selbst die Hersteller der in Frage stehenden Motoren keine vollständigen oder überhaupt keine Unterlagen mehr besitzen und daher auch nicht in der Lage sind, Anfragen nach Ursprungswickeldaten zu beantworten. Auch die mühselig zusammengetragenen Wickeldatenarchive der Instandsetzungsunternehmen sind zum größten Teil durch das Kriegsgeschehen untergegangen und noch nicht überall wieder aufgebaut.

Tabelle 10

Schaltmöglichkeiten für Dreiphasen-Zweischichten-Formspulenwicklungen mit Spulen gleicher oder ungleicher Weite für alle Wickelschritte und Nutenzahlen

(normale Motoren für Dauerleistung), Netzspannung: 380/220 V, 50 Hertz

1	2	3	4	5	6	7	8	9	10	11	12	13	14
Motor-Dauerleistung		Drahtdurchmesser bei einer Stromdichte von Amp./qm Kupfer				Totale Anzahl der Mehrfachspulen bei Pohlzahl				Schaltmöglichkeiten der Mehrfachspulen je Phase, Pohlzahl			
PS	kW	3	4	5	6	2	4	6	8	2	4	6	8
1	0,75									--	---	.....	.....
2	1,47									2 Sp. // oder 2 Dr. //	2 Sp. // oder 2 Dr. //	2 Sp. // oder 2 Dr. //	2 Sp. // oder 2 Dr. //
3	2,2									3 Dr. //	3 Dr. //	3 Sp. // oder 3 Dr. //	3 Dr. //
4	2,94									2 Dr. // und 2 Sp. //	2 Dr. // und 2 Sp. //	2 Dr. // und 2 Sp. //	2 Dr. // und 2 Sp. //
6	4,4					6	12	18	24	3 Dr. // und 2 Sp. //	3 Dr. // und 2 Sp. //	1 Dr. // und 6 Sp. //	3 Dr. // und 2 Sp. //
8	5,9	0,9 mm ∅	0,75 mm ∅	0,7 mm ∅	0,6 mm ∅					÷	2 Dr. // und 4 Sp. //	÷	8 Sp. //
9	6,6									÷	÷	3 Dr. // und 3 Sp. //	÷
12	8,8									÷	3 Dr. // und 4 Sp. //	2 Dr. // und 6 Sp. //	3 Dr. // und 4 Sp. //
16	11,8									÷	÷	÷	2 Dr. // und 8 Sp. //
18	13,25									÷	÷	3 Dr. // und 6 Sp. //	÷
24	17,66									÷	÷	÷	3 Dr. // und 8 Sp. //

Hersteller: DEW Aachen
Type HD 15a—70c

Tabelle 11

4polig, 1500 n, 50 Hertz

Ursprungswickeldaten für Drehstrommotoren
normaler, offener Ausführung

4polig, 1500 n

Leistung		380/220 Volt Netzspannung			Läufer		Bemerkungen
PS	kW	Drähte/ Nut.	Draht ∅	Schaltung	Drähte/ Nut.	Draht ∅	
1	2	3	4	5	6	7	8
0,25	0,19	225	0,45	⅄/Δ	1	5,5	Käfigwicklung
0,5	0,37	147	0,55	⅄/Δ	1	5,5	
0,75	0,55	135	0,70	⅄/Δ	1	6,2	
1,0	0,74	104	0,85	⅄/Δ	1	6,2	
1,5	1,1	65	0,95	⅄/Δ	1	7,2	
2,0	1,45	50	1,10	⅄/Δ	1	7,2	
3,0	2,2	46	1,30	⅄/Δ	7	2,4	Phasenwicklung
4,0	3,0	36	1,40	⅄/Δ	7	2,4	
5,0	3,7	28	1,60	⅄/Δ	7	2,4	
6,5	4,8	31	1,90	⅄/Δ	6	3,2	
8,5	6,0	23	2,20	⅄/Δ	6	3,2	
11,0	8,1	21	2,60	⅄/Δ	5	4,0	
16,0	12,0	32//*)	2,20	⅄/Δ	5	4,0	
22,0	16,0	30//	2,60	⅄/Δ	5	4,5	
28,0	20,5	33///**)	2,40	⅄/Δ	5	4,5	
35,0	25,5	22//	3,20	⅄/Δ	4	5,0	
45,0	33,0	34//	2,50	2 Gr. par.***)	4	5,0	
55,0	40,0	30//	2,70	2 Gr. par.***)	2	12,5/5	Stabwicklung
65,0	48,0	24//	2,90	2 Gr. par.***)	2	12,5/5	
80,0	59,0	30///	2,60	2 Gr. par.***)	2	12,5/5	

Anmerkung:
*) // Striche bedeuten 2 Drähte parallel.
**) /// Striche bedeuten 3 Drähte parallel.
***) 2 Gr. par. bedeutet 2 Gruppen je Phase parallel.
Die Motoren haben die Typenbezeichnung: 15a, 15b, 20a, 20b, 25a, 25b, 30a, 30b, 30c, 35a, 35b, 45a, 45b, 50a, 50b, 60b, 60c, 70a, 70b, 70c. Die Maße des aktiven Eisens sind in Tabelle 9b enthalten.

Hersteller: DEW Aachen
Type HD 15a—70c

Tabelle 12

Baujahr: etwa bis 1930

4polig, 1500n, 50 Hertz

Maße und Daten des aktiven Eisens für normale, offene Drehstrommotoren

normaler, offener Ausführung

4polig, 1500 n

Leistung		Ständerbleche			Nutenzahl		Nutenmaße		Type
PS	kW	Außen-Ø in mm	Innen-Ø in mm	EB in mm	Ständer	Läufer	Ständer	Läufer	
0,25	0,19	160	90	40	24	29	20/11/7	5,7	HD 15a
0,5	0,37	160	90	60	24	29	20/11/7	5,7	HD 15b
0,75	0,55	190	110	54	24	29	20/13/8,5	6,5	HD 20a
1,0	0,74	190	110	70	24	29	20/13/8,5	6,5	HD 20b
1,5	1,1	240	140	58	36	29	21/9,5/6	7,5	HD 25a
2,0	1,45	240	140	76	36	29	21/9,5/6	7,5	HD 25b
3,0	2,2	280	165	80	36	29	26/9	8,3	HD 30a
4,0	3,0	280	165	105	36	29	26/9	8,3	HD 30b
5,0	3,7	280	165	130	36	48	26/9	23/4,5	HD 30c
6,5	4,8	325	195	95	36	48	26/10	26/5,5	HD 35a
8,5	6,0	325	195	140	36	48	26/10	26/5,5	HD 35b
11,0	8,1	355	210	140	36	48	31/12	26/6,2	HD 45a
16,0	12,0	355	210	200	36	48	31/12	26/6,2	HD 45b
22,0	16,0	400	240	200	36	48	36/14,5	29/7	HD 50a
28,0	20,5	400	240	265	36	48	36/14,5	29/7	HD 50b
35,0	25,5	460	275	225	36	60	34/16,5	25/7,5	HD 60b
45,0	33,0	460	275	280	36	60	34/16,5	25/7,5	HD 60c
55,0	40,0	535	315	185	48	60	45/13	30/8	HD 70a
65,0	48,0	535	315	240	48	60	45/13	30/8	HD 70b
80,0	59,0	535	315	300	48	60	45/13	30/8	HD 70c

Hersteller: DEW Aachen
Type HD 20a—70c

Tabelle 13

6polig, 1000n, 50 Hertz

Ursprungswickeldaten für Drehstrommotoren

6polig, 1000 n

Leistung		Für 380/220 Volt Netzspannung			Läufer		Bemerkungen
		Ständer					
PS	kW	Drähte Nut	Draht ∅	Schaltung	Drähte Nut	Draht ∅	
0,33	0,24	128	0,5	⅄ / △	1	5,0	Käfigläufer
0,5	0,37	100	0,65		1	5,0	
1,0	0,74	90	0,85		1	6,7	
1,5	1,1	67	0,95		1	6,7	
2,0	1,45	64	1,10		1	7,2	
3,0	2,2	46	1,30		1	7,2	
4,0	3,0	37	1,50		1	8,0	
5,0	3,7	27	1,60		10	2,8	Schleifringläufer
6,5	4,8	20	1,90		10	2,8	
8,5	6,0	19	2,20		5	3,2	
11,0	8,1	28//	1,9		5	3,2	
16,0	12,0	24//	2,3		4	4,2	
22,0	16,0	27///	2,2		4	4,2	
28,0	20,5	29	2,4	3 Gr. par.	4	5,0	
35,0	25,5	32////	2,3		4	5,0	
45,0	33,0	54//	2,0	3 Gr. par.	2	12,5/5	Stabwicklung
60,0	44,0	42//	2,3	3 Gr. par.	2	12,5/5	
75,0	55,0	34//	2,6	3 Gr. par.	2	12,5/5	

Anmerkung:
// bedeuten 2 Drähte parallel.
/// bedeuten 3 Drähte parallel.
//// bedeuten 4 Drähte parallel.
3 Gr. par. bedeuten 3 Gruppen je Phase parallel.
Die Motoren haben die Typenbezeichnung: HD 20a—70c.

Die Maße des aktiven Eisens sind in der Tabelle 14 enthalten.

Hersteller: DEW Aachen
Type HD 20a—70c

Tabelle 14

Baujahr: etwa bis 1925

6polig, 1000 n, 50 Hertz

Maße des aktiven Eisens
Nutenzahlen und Nutenmaße für normale, offene Drehstrommotoren

6polig, 1000 n

Leistung		Ständerbleche		Packlänge in mm (EB)	Nutenzahlen		Nutenmaße		Type
PS	kW	Außen-∅ in mm	Innen-∅ in mm		Ständer	Läufer	Ständer	Läufer	
0,24	0,33	190	100	54	36	43	19/10/7,5	5,5	HD 20a
0,37	0,5	190	120	70	36	43	19/10/7,5	5,5	HD 20b
0,74	1,0	240	155	58	36	38	21/10/7,5	7,5	HD 25a
1,1	1,5	240	155	76	36	38	21/10/7,5	7,5	HD 25b
1,45	2,0	280	180	80	36	41	25/10	7,5	HD 30a
2,2	3,0	280	180	105	36	41	25/10	7,5	HD 30b
3,0	4,0	280	180	130	36	41	25/10	7,5	HD 30c
3,7	5,0	325	220	95	54	36	25/8,5	25/9	HD 35a
4,8	6,5	325	220	140	54	36	25/8,5	25,9	HD 35b
6,0	8,5	355	240	140	54	72	28/9,5	22/5,5	HD 45a
8,1	11,0	355	240	200	54	72	28/9,5	22/5,5	HD 45b
12,0	16,0	400	275	200	54	72	31/10,5	22,5/6,5	HD 50a
16,0	22	400	275	265	54	72	31/10,5	22,5/6,5	HD 50b
20,5	28	460	315	225	54	72	31/10,5	22,5/6,5	HD 60b
25,5	35	460	315	280	54	72	31/10,5	22,5/6,5	HD 60c
33,0	45	535	365	185	54	72	45/13,5	30/8	HD 70a
44,0	60	535	365	240	54	72	45/13,5	30/8	HD 70b
55,0	75	535	365	300	54	72	45/13,5	30/8	HD 70c

Tabelle 15

Kupferdraht

Durchmesser, Querschnitt, Widerstand, Gewicht und Strombelastungen

Durchmesser mm	Querschnitt qmm	Widerstand pro 100 m in Ohm	Belastung in Ampere bei einer Stromdichte mm² 1	2	3 Ampere	Gewicht pro 100 m in g
1	2	3	4	5	6	7
0,1	0,0078	211,6	0,008	0,016	0,024	7
0,2	0,0314	52,94	0,04	0,08	0,12	28
0,3	0,0706	24,06	0,08	0,16	0,24	63
0,4	0,1256	13,22	0,13	0,26	0,39	112,4
0,5	0,1936	7,46	0,2	0,4	0,6	174,7
0,6	0,2827	5,88	0,3	0,6	0,9	272
0,7	0,3848	4,32	0,4	0,8	1,2	343
0,8	0,5026	3,30	0,5	1,0	1,5	448
0,9	0,6361	2,61	0,6	1,2	1,8	567
1,0	0,7854	2,11	0,8	1,6	2,4	700
1,1	0,9503	1,75	1,0	2,0	3,0	845,8
1,2	1,1310	1,47	1,1	2,2	3,3	1007
1,3	1,3273	1,25	1,3	2,6	3,9	1181
1,4	1,5394	1,08	1,5	3,0	4,5	1370
1,5	1,7672	0,94	1,8	3,6	5,4	1573
1,6	2,0106	0,827	2,0	4,0	6,0	1790
1,7	2,2698	0,7334	2,2	4,4	6,6	2020
1,8	2,5447	0,6534	2,5	5,0	7,5	2264
1,9	2,8353	0,5864	2,8	5,6	8,4	2523
2,0	3,1416	0,5293	3,1	6,2	9,3	2696

Tabelle 16

Kupferdraht

Durchmesser, Querschnitt, Widerstand, Gewicht und Strombelastungen

Durchmesser mm	Querschnitt qmm	Widerstand pro 100 m in Ohm	Belastung in Ampere bei einer Stromdichte mm² 1	2	3	Gewicht pro 100 m in g
			Ampere			
1	2	3	4	5	6	7
2,1	3,4636	0,480	3,5	7,0	10,5	3083
2,2	3,8013	0,4373	4,0	8,0	12,0	3383
2,3	4,1548	0,400	4,1	8,2	12,3	3998
2,4	4,5239	0,367	4,5	9,0	13,5	4026
2,5	4,9087	0,3387	5,0	10	15	4362
2,6	5,3093	0,3131	5,3	10,6	15,9	4725
2,7	5,7256	0,2903	5,7	11,4	17,1	5095
2,8	6,1575	0,2700	6,1	12,2	18,3	5480
2,9	6,6052	0,2517	6,6	13,2	19,8	5878
3,0	7,0686	0,2352	7,0	14	21	6291
3,1	7,5477	0,2202	7,5	15	22,5	6717
3,2	8,0425	0,2067	8,0	16	24	7157
3,3	8,5530	0,1943	8,5	17	25,5	7612
3,4	9,0792	0,1831	9	18	27	8080
3,5	9,6211	0,1728	9,6	19,2	28,8	8563
3,6	10,179	0,1633	10,1	20,2	30,3	9059
3,7	10,752	0,1546	10,7	21,4	32,1	9569
3,8	11,341	0,1466	11,3	22,6	33,9	10090
3,9	11,946	0,1391	24	12	36	10630
4,0	12,566	0,1322	12,5	25	37,5	11180

Tabelle 17

Stromverbrauch der Gleich- und Drehstrommotoren

Leistungen in PS und kW

Leistung		Stromverbrauch in Ampere								
		Gleichstrom				Drehstrom				
PS	kw	110 V	220 V	440 V	500 V	110 V	220 V	380 V	500 V	cos φ
1/4	0,19	2,6	1,3	0,7	0,6	2	1	0,6	0,45	0,75
1/3	0,24	3	1,5	0,8	0,7	2,3	1,2	0,5	0,5	0,75
1/2	0,37	3,7	2,4	1,2	1	3,3	1,7	1	0,8	0,8
3/4	0,55	6,7	3,4	1,7	1,5	5	2,5	1,4	1,1	0,8
1	0,74	9	4,5	2,2	1,9	6,3	3,2	1,8	1,4	0,8
1,5	1,1	13	6,4	3,2	2,8	9,2	4,6	2,7	2,1	0,8
2	1,45	17,3	8,7	4,3	3,8	12	6	3,2	2,7	0,83
2,5	1,85	20,5	10,3	5,1	4,3	14,6	7,3	4,2	3,2	0,83
3	2,2	24,6	12,3	6,2	5,4	17	8,5	5	4	0,84
3,5	2,55	29	14,6	7,3	6,4	20	10	5,8	4,4	0,84
4	3	32,3	16,3	8,1	7,1	22,5	11,3	6,5	5	0,84
4,5	3,3	36,4	18,2	9,1	8	25	12,5	7,2	5,5	0,84
5	3,7	40	20	10	8,8	27,2	13,6	8	6,1	0,85
5,5	4	44	22	11	9,6	30	15	8,7	6,6	6,85
6	4,4	48	24	12	10,6	33	16,5	9,5	7,3	0,85
6,5	4,8	52	26	13	11,4	35	17,5	10	7,7	0,85
7	5,2	55,5	28	14	12,2	38	19	11	8,4	0,85
7,5	5,5	58	29	14,6	12,8	40	20	11,6	8,8	0,85
8	5,9	62	31	15,5	13,6	42	21	12,2	9,3	0,85
9	6,6	70	35	17,5	15,4	48	24	14	10,6	0,85
10	7,4	77	39	19,4	17	52	26	15	11,5	0,86
11	8,1	85	42	21,5	18,6	57	29	17	12,6	0,86
12	8,8	93	47	23,2	20,4	63	31	18	13,8	0,86
12,5	9,2	96	48	24	21,5	65	32	19	14,3	0,86
14	10,5	110	55	27,5	24	73,4	37	21	16,2	0,86
15	11	116	58	29,1	25,6	77	39	23	17	0,87
16	12	124	62	31	27	82	41	24	18	0,87
18	13	138	69	34,6	30	92	46	27	20	0,87
20	14,5	155	77	38,7	34	103	52	30	23	0,87
25	18,5	189	95	47,3	42	126	63	37	28	0,87
30	22	228	114	57,3	51	152	76	44	34	0,87
35	25,5	264	132	66	58	174	87	50	38	0,88
40	29,5	300	150	75	66	195	98	56,6	43	0,89
45	33	338	169	85	75	220	110	64	48	0,89
50	37	372	186	93	82	240	120	70	53	0,9
60	44	446	223	112	98	286	143	83	63	0,9
75	55	554	277	138	122	356	178	103	78	0,9
100	75	740	370	185	163	476	238	138	105	0,9
175	130	1296	648	324	284	830	415	240	185	0,9

II. Teil

Tabellen

über totale Polflächen und Leiterzahlen

für normale, offene und spritzwassergeschützte

Drehstrommotoren

Baujahr: nach 1930

Tabelle 18

Baujahr: nach 1930	2polig, 3000n, 50 Hertz 380/220 Volt

Totale Polflächen und Leiterzahlen im Ständer für normale, offene und spritzwassergeschützte Drehstrommotoren, Dauerbetrieb

1	2	3	4		5	
Lfde. Nr.	Totale Polfläche in cm^2	Totale Leiterzahl im Ständer bei 380 V Stern	Leiterzahl je Nute bei Nutenzahl		Leistung (DB)	
			24	36	PS	kW
1	69	5280	220		0,3	0,22
2	104	3456	144		0,54	0,4
3	118	3216	134		0,88	0,65
4	153	2304	96		1,35	1,0
5	165	2160	90		2,3	1,7
6	191	1728	72		3,25	2,4
7	254	1296	54		4,5	3,3
8	330	1104	46		6	4,4
9	430	864	36		10,55	6,3
10	450	768	32		11,6	8,5
11	612	552	23		16,5	12
12	633	504	—	14	22,5	16,5
13	876	378	—	11	31,5	23

Anmerkung: Bei oberflächengekühlten Ausführungen liegen die Werte für die Nennleistungen entsprechend niedriger. (Siehe auch Tabelle 23.)

Tabelle 19

Baujahr: nach 1930	4polig, 1500 n, 50 Hertz 380/220 Volt

Totale Polflächen und Leiterzahlen im Ständer für normale, offene und spritzwassergeschützte Drehstrommotoren, Dauerbetrieb

1	2	3	4		5	
Lfde. Nr.	Totale Polfläche in cm^2	Totale Leiterzahl im Ständer bei 380/220 V Stern	Leiterzahl je Nute bei Nutenzahl		Leistung	
			24	36	PS	kW
1	69	7080	295		0,2	0,15
2	107	4800	200		0,31	0,23
3	120	3912	163		0,54	0,4
4	168	2928	122		0,82	0,6
5	180	2736	114		1,5	1,1
6	225	2160		60	2,05	1,5
7	290	1656		46	2,5	1,85
8	300	1600		44	3	2,2
9	335	1368		38	4	3
10	505	1044		29	5,5	4
11	520	900		25	8,55	6,3
12	708	684		19	10,9	8
13	736	612		17	16,5	12
14	1004	468		13	20,5	15

Anmerkung: Bei oberflächengekühlten Ausführungen liegen die Werte für die Nennleistungen entsprechend niedriger. (Siehe auch Tabelle 23.)

Tabelle 20

Baujahr: nach 1930

6polig, 1000 n, 50 Hertz 380/320 Volt

Totale Polflächen und Leiterzahlen im Ständer für normale, offene und spritzwassergeschützte Drehstrommotoren, Dauerbetrieb

1	2	3	4		5	
Lfde. Nr.	Totale Polfläche in cm²	Totale Leiterzahl im Ständer bei 380 V Stern	Leiterzahl je Nute bei Nutenzahl		Leistung	
			36	54	PS	kW
1	125	6660	185		0,27	0,2
2	176	4750	132		0,45	0,33
3	226	3672	102		0,68	0,5
4	236	3240	90		1,09	0,8
5	314	2448	68		1,5	1,1
6	326	2400	67		2,05	1,5
7	408	1836	51		3	2,2
8	530	1476	41		4,5	3,3
9	555	1224	34		6	4,4
10	755	972	27		7,5	5,5
11	765	936		17	10,2	7,5
12	1090	702		13	15	11

Anmerkung: Bei oberflächengekühlten Ausführungen liegen die Werte für die Nennleistungen entsprechend niedriger. (Siehe auch Tabelle 23.)

Tabelle 21

Baujahr: nach 1930	**8polig,** 750 n, 50 Hertz 380/220 Volt

Totale Polflächen und Leiterzahlen im Ständer für normale, offene und spritzwassergeschützte Drehstrommotoren, Dauerbetrieb

1	2	3	4		5	
Lfde. Nr.	Totale Polfläche in cm²	Totale Leiterzahl im Ständer bei 380/220 V Stern	Leiterzahl je Nute bei Nutenzahl		Leistung	
			36	48	PS	kW
1	187	5904		123	0,27	0,2
2	236	4608		96	0,45	0,33
3	314	3555		74	0,75	0,55
4	318	3505		73	1,09	0,8
5	424	2688		56	1,5	1,1
6	552	2016		42	2,05	1,5
7	575	1776		37	3	2,2
8	778	1392		29	4	3
9	805	1248		26	5,45	4
10	1120	912		19	7,5	5,5

Anmerkung: Bei oberflächengekühlten Ausführungen liegen die Werte für die Nennleistungen entsprechend niedriger. (Siehe auch Tabelle 23.)

Kontrollbeispiele*)

für normale, offene und spritzwassergeschützte Drehstrommotoren aus den Baujahren — nach — 1930!

1. **Drehstrommotor AEG,**
Typ DA 030/4, 0,37 kW, 380/220 Volt, 1,15 Amp., 1400 n.

Eisenmaße:	Ständer außen	=	12,5 cm
	Ständer innen	=	7,5 cm
	Eisenbreite	=	7,4 cm
Totale Polfläche		=	**174 cm²**
Nutenzahl		=	24
Leiterzahl/Nute		=	136
Drahtstärke		=	0,6 mm ∅
Totale Leiterzahl		=	24 · 136 = **3264.**

Vergleich nach Tabelle 4, Seite 20.

Aus Spalte 5 dieser Tabelle geht bereits hervor, daß die Tabellenleistung mit der Schildleistung des vorliegenden Motors übereinstimmt.

Es handelt sich also um einen Motor, der vor 1930 entworfen und ausgeführt worden ist.

Nach Spalte 3 der Tabelle 4 ergibt sich eine totale Leiterzahl von 3530, was einer Leiterzahl je Nute von 146 entsprechen würde. Die Abweichung liegt um etwa 8%.

2. **Drehstrommotor SSW,**
Typ R 35s + 41, 380 Volt, 1400 n, 0,8 kW, 1,95 Amp.

Eisenmaße:	Ständer außen	=	17 cm
	Ständer innen	=	10,5 cm
	Eisenbreite	=	5,5 cm
Totale Polfläche		=	**181,5 cm²**
Nutenzahl		=	36
Leiterzahl/Nute		=	92
Drahtstärke		=	0,65 mm ∅
Totale Leiterzahl		=	36 · 92 = **3312.**

Vergleich nach Tabelle 4, Seite 20.

Aus Spalte 5 der Tabelle 4 geht hervor, daß die Schildleistung des vorliegenden Motors (0,8 kW) höher liegt, als die Tabellenleistung 0,55 kW.

*) Siehe auch Tabelle 34.

Die Leiterzahl nach Tabelle 4, Spalte 3, ergibt etwa 3240, je Nute, also etwa 90 Leiter.

Hieraus ist zu ersehen, daß das Baujahr des Motors noch nahe an der Grenze, d. h. vor 1930 liegt.

3. **Drehstrommotor AEG,**
Typ A 4/4, 4 kW, 5,5 PS, 380/660 Volt, 1450 n, 8,5 Amp.

Eisenmaße: Ständer außen	=	—
Ständer innen	=	13,8 cm
Eisenbreite	=	9,5 cm
Totale Polfläche	=	**411 cm²**
Nutenzahl	=	36
Leiterzahl/Nute	=	54
Drahtstärke	=	1,0 mm ∅
Totale Leiterzahl	=	36 · 54 = **1944.**

Vergleich nach Tabelle 4, Seite 20.

a) Nach Spalte 5 der Tabelle 4 leistet der Motor aus dem Baujahr vor 1930 nur 2,2 kW, während die Schildleistung des vorliegenden Motors 4 kW, 5,5 PS beträgt.
Hieraus geht hervor, daß es sich um einen Motor aus einem der letzten Baujahre — nach 1930 — handelt.

b) Für die Feststellung der Wickeldaten kommt daher die Tabelle 19, Seite 43 in Betracht.
Nach Spalte 2 dieser Tabelle muß der Mittelwert aus 335 + 505 : 2 = 420 cm² gewählt werden. Die Leiterzahl ergibt sich dann ebenfalls aus dem Mittelwert

$$\frac{1368 + 1044}{2} = 1206.$$

Bei 36 Nuten entfallen je Nute also 1206 : 36 = rund 33 · 1,73 = 57 Leiter (für 380/660 Volt!).
Diese Zahl stimmt bereits mit der Ursprungsleiterzahl/Nute (54) gut überein.

c) Vergleicht man noch die Leistungsangaben der Spalte 5 mit dem Schildwert, dann ergibt sich, daß der Tabellenwert 4 + 3 : 2 = 3,5 kW, die Schildleistung aber 4 kW beträgt.
Die Schildleistung liegt also etwas höher, und hieraus ergibt sich, daß die Leiterzahl nach der Tabelle nach unten abgerundet werden kann. Bei höherer Leistung fällt die Leiterzahl.

Anmerkung: Es ist sehr wichtig, von vornherein festzustellen, in welchem Baujahr der jeweils vorliegende Motor hergestellt wurde. Der kürzeste Weg hierfür wurde vorstehend aufgezeigt.

4. **Drehstrommotor AEG,**

Typ A 2,2/4, 2,2 kW, 3 PS, 380/220 Volt, 1440 n, 4,9/8,5 Amp.

Eisenmaße:	Ständer innen	= 11 cm
	Eisenbreite	= 8 cm
Totale Polfläche		= **276 cm²**
Nutenzahl		= 36
Leiterzahl/Nute		= 46
Drahtstärke		= 2 · 0,8 mm ∅
Totale Leiterzahl		= **1656.**

Vergleich nach Tabelle 4, Seite 20.

a) Nach Spalte 5 leistet der Motor aus dem Baujahr vor 1930 etwa 1,25 kW. Da der vorliegende Motor aber eine Schildleistung von 2,2 kW besitzt, so kommt die Tabelle 19, Seite 43 in Betracht.

b) Nach Tabelle 19, Seite 43, Spalte 3, kommt eine Leiterzahl von 1656 : 36 = 46 Leiter/Nute

1656 : 36 = 46 Leiter/Nute

in Frage. Diese Leiterzahl stimmt genau mit den Ursprungswickeldaten überein.

5. **DEW-Drehstrommotor,**

Typ 1000/35b, 380/220 Volt, 950 n, 11 kW, 15 PS, 22,5/39 Amp.

Eisenmaße:	Ständer außen	= 28 cm
	Ständer innen	= 18,5 cm
	Eisenbreite	= 18 cm
Totale Polfläche		= **etwa 1040 cm²**
Nutenzahl		= 54
Leiterzahl/Nute		= 13
Drahtstärke		= 3 · 1,5 mm ∅
Totale Leiterzahl		= **54 · 13 = 702.**

Vergleich nach Tabelle 5, Seite 21.

a) Nach der Tabelle 5, Spalte 1, lfd. Nr. 10, würde die Leistung etwa 8,5 kW betragen, wenn der Motor vor 1930 entwickelt und gebaut worden wäre.
Die Schildleistung beträgt aber 11 kW und hieraus geht hervor, daß es sich um einen Motor handelt, der nach 1930 konstruiert, berechnet und hergestellt worden ist.

b) Demnach kommt die Tabelle 20, Seite 44 (für 6polige Motoren) in Betracht.

c) Nach der Spalte 1 dieser Tabelle, lfd. Nr. 12, beträgt die Leistung genau 11 kW, 15 PS und die Leiterzahl/Nute stimmt ebenfalls genau mit dem Tabellenwert überein.

6. **Schorch-Elin-Drehstrommotor,**

Typ K 1 L, 0,75 kW, 1430 n, 380/660 Volt.

Eisenmaße: Ständer innen = 9 cm
Eisenbreite = 9 cm
Totale Polfläche = **255 cm²**
Nutenzahl = 36
Leiterzahl/Nute = 105 (Dreieck = 61)
Totale Leiterzahl = **3780.**

Vergleich nach Tabelle 4, Seite 20.

a) Ein Vergleich gemäß Spalte 1, lfd. Nr. 5, ergibt, daß die Schildleistung des Motors im vorliegenden Falle niedriger liegt, als die Tabellenangaben für Motoren aus den Baujahren vor 1930. Dieser Leistungsunterschied kann beispielsweise auf die Ausführungsart des vorliegenden Motors zurückzuführen sein, d. h. der vorliegende Motor ist wahrscheinlich vollständig gekapselt. Nähere Angaben hierüber liegen nicht vor.

b) Die Leiterzahl nach der Tabelle 4 für Motoren aus den Baujahren vor 1930 beträgt gemäß Spalte 1, lfd. Nr. 5 = 2340, je Nute also = 65 · 1,73 = 113 (also etwas höher als die Ursprungsleiterzahl). Nach Tabelle 19 für 4-polige Motoren aus den Baujahren nach 1930 ergibt sich eine mittlere Leiterzahl von etwa 92/Nute (also etwas niedriger als die Ursprungsleiterzahl 105/Nute). In einem solchen Falle begeht man keinen Fehler, wenn man das Mittel aus den beiden Werten 113 + 92 : 2 = 102/Nute wählt.

7. **Bitter-Drehstrommotor,**

Typ N 149, 1,1 kW, 380/220 Volt, 1410 n.

Eisenmaße: Ständer innen = 10 cm
Eisenbreite = 5,4 cm
Totale Polfläche = **170 cm²**
Nutenzahl = 36
Leiterzahl/Nute = 67
Totale Leiterzahl = **2712.**

Vergleich nach Tabelle 4, Seite 20.

a) Aus der Spalte 5 ist bereits zu ersehen, daß der Leistungsunterschied zwischen dem Tabellen- und dem Schildwert erheblich ist, und daß es sich demnach um einen Motor aus den Baujahren nach 1930 handeln muß.

b) Nach der Tabelle 19 für 4-polige Motoren aus den Baujahren nach 1930 ergibt sich gemäß lfd. Nr. 4 eine totale Leiterzahl von etwa 2900 : 36 = 80/Nute.
Die Ursprungsleiterzahl/Nute liegt also etwa 16% niedriger als der Tabellenwert.
Solche Differenzen können vorkommen, wenn es sich um einen Motor aus einem der letzten Baujahre in normaler, offener Ausführung oder um einen Spezialmotor oder um einen solchen han-

delt, der mit Blechen von geringerem Wattverlust hergestellt ist. Möglicherweise ist aber auch in der Aufnahme der Wickeldaten ein Irrtum unterlaufen oder die vorgefundenen Daten waren nicht mehr die Ursprungsdaten.

Die Messung des Leerlaufstromes klärt in der Regel solche Zweifel.

8. **SSW-Drehstrommotor,**
   Typ OR m-54/4, 380/660 Volt, 1410 n, 4,8 kW.

Eisenmaße:	Ständer innen	=	14,4 cm
	Eisenbreite	=	11,3 cm
Totale Polfläche		=	**587 cm²**
Nutenzahl		=	36
Leiterzahl/Nute		=	42
Totale Leiterzahl		=	**1512** (für 380 Volt Dreieck)

Vergleich nach Tabelle 4, Seite 20.

a) Der Leistungsvergleich gemäß Spalte 5 ergibt einen nennenswerten Leistungsunterschied gegenüber dem Schildwert = 4,8 kW.

b) Nach der Tabelle für 4polige Motoren aus den Baujahren nach 1930, lfd. Nr. 11 u. 12, ergibt sich ein Mittelwert von $900 + 684 : 2 = \text{rund } 800 : 36 \cdot 1{,}73 = \text{etwa } 40$ Leiter/Nute (für 380/660 Volt). Dieser Wert stimmt mit dem vorgefundenen Ursprungswert (42/Nute) gut überein.

c) Aus der Typenbezeichnung O vor dem R geht hervor, daß es sich um einen oberflächengekühlten Motor der Typenreihe R der SSW handelt.

9. **Kaiser-Drehstrommotor,**
   Typ AD 23/6, 1,1 kW, 1,5 PS, 930 n, 380/220 Volt (6polig).

Eisenmaße:	Ständer innen	=	9,9 cm
	Eisenbreite	=	8,8 cm
Totale Polfläche		=	**273 cm²**
Nutenzahl		=	36
Leiterzahl/Nute		=	72
Totale Leiterzahl		=	36 · 72 = **2592.**

Vergleich nach Tabelle 5, Seite 21, für 6polige Motoren.

a) Der Leistungsvergleich gemäß Spalte 5 ergibt, daß der vorliegende Motor aus einem Baujahr nach 1930 stammen muß.

b) Nach der hierfür in Frage kommenden Tabelle 20, lfd. Nr. 4 u. 5 der Spalte 1, ergibt sich ein Mittelwert von $3240 + 2448 : 2 = 2844 : 36 = 79$ Leiter/Nute.
   Dieser Tabellenwert stimmt gut mit dem Ursprungswert überein. Der Ursprungswert liegt etwas niedriger (um etwa 9%).
   Bei den Motoren der letzten Baujahre wird die nach der zugehörigen Tabelle gefundene Leiterzahl daher nach unten abgerundet.

10. Polumschaltbare Dreiphasenmotoren

Beispiel a: **Dr. Motor DEW-Aachen,**

Typ A 15/750/30, bn, 4,8/3,5 kW, 380 Volt, Dreieck/Doppelsternschaltung (Dahlander) 8,5/7,3 Amp., 1430/715 n/min (Baujahr 1946).

Eisenmaße: Ständer außen = 240 mm ∅
Ständer innen = 165 mm ∅
Packlänge = 150 mm
Nuten = 48 (7,5/9,5 · 26 mm)

Wickeldaten: 48 Nuten,
je Nute 52 Drähte, Draht 1,25 mm ∅

Kontrolle nach Tabelle 21 (Baujahr 1946)

Die totale Polfläche beträgt etwa 777 cm².

Nach Tabelle 21, Spalte 2, lfd. Nr. 8 (778 cm²) beträgt die totale Leiterzahl für 380 Volt Sternschaltung = 1392.

Da die 8polige Dahlanderwicklung in Dreieckschaltung auszuführen ist, muß diese Zahl mit 1,73 multipliziert werden.

Demnach beträgt die Leiterzahl/Nute:

$$\frac{1392 \cdot 1{,}73}{48} = \frac{2408}{48} = \mathbf{50\ Leiter/Nute.}$$

Die DB-Leistung beträgt gemäß Tabelle 21, Spalte 5 = etwa 4 kW (in 4poliger Schaltung).

Das Nutenvolumen beträgt:

$$\frac{7{,}5 + 9{,}5}{2} \cdot 26 = \mathbf{221\ mm^2.}$$

Bei einem Füllfaktor (Tabelle 2) von 0,28 (BB-Draht) beträgt der Leiterquerschnitt:

$$q = \frac{221 \cdot 0{,}28}{52} = \mathbf{1{,}19\ mm^2 = 1{,}25\ mm\ \varnothing.}$$

Bei Dreieckschaltung 1,25 · 1,73 = 2,12 mm². Die Stromdichte (4polig) beträgt 8,5 : 2,12 = 4 Amp./mm² (Tabelle 1).

Beispiel b: **Dr. Motor SSW,**

Typ R 55n, 8–6–4, 380 Volt, 1410/960/700 n/min, 1,3/1,1/1,1 kW, ED 40%.

Eisenmaße: Ständer innen = 154,5 mm
Packlänge = 15,0 mm
Nutenzahl = 36

Wickeldaten: Ständer für 220 Volt, 50 Hz:

a) **6polige Wicklung:**
Schritt 1—6, je Nute 2 · 14 Drähte = 28 Drähte,
Draht 0,75 ∅, L, Serie/Stern;

b) **8/4-polige Dahlanderwicklung** (Dreieck/Doppelstern):
Schritt 1—6, je Nute 2 · 35 Drähte = 70 Drähte,
Draht 0,65 ∅, L, Zweischichtenwicklung.

Wickeldaten: Ständer für 380 Volt, 50 Hz:

a) **6polige Wicklung:**
Schritt 1—6, je Nute 2 · 24 Drähte = 48 Drähte,
Draht 0,6 ∅, L, Serie/Stern;

b) **8/4 polige Dahlanderwicklung:**
Schritt 1—6, je Nute 2 · 60 Drähte = 120 Leiter/Nute,
Draht 0,5 ∅, L.

Kontrolle nach Tabelle 20 und 21
Die totale Polfläche beträgt = 460 cm².

a) **6polige Wicklung:**
Mittelwert aus Tabelle 20, Spalte 2, lfd. Nr. 7 und 8 =

$$\frac{408 + 530}{2} = 469,$$

aus Spalte 3, lfd. Nr. 7 und 8 =

$$\frac{1836 + 1476}{2} = 1656 : 36 = \mathbf{46\ Drähte}\ (2 \cdot 23\ \text{Drähte});$$

b) **8/4polige Dahlanderwicklung** (Tabelle 21):
Mittelwert aus Spalte 2, lfd. Nr. 5 und 6 = 488 cm²,
Mittelwert aus Spalte 3, lfd. Nr. 5 und 6 = 2352 : 36 =

64 Leiter/Nute · 1,73 = 111 Leiter/Nute.

Die Leiterzahl 111/Nute bezieht sich auf eine Polfläche von 488 cm² (Mittelwert aus der Tabelle 21). Dieselbe beträgt aber nur 460 cm². Demnach muß die Zahl 110 mit Faktor $\frac{486}{480}$ = 1,06 multipliziert werden, so daß die endgültige Leiterzahl/Nute mit

111 · 10,6 = 117,6 = 118 Leiter/Nute

eingesetzt werden kann.

Anmerkung:

1. Die in den Tabellen 20 und 21, Spalte 3, angegebenen Leiterzahlen beziehen sich auf 380 Volt, 50 Hz. Bei Dahlanderwicklungen für 380 Volt Netzspannung (Dreieckschaltung) müssen die Tabellenwerte daher mit 1,73 (Wurzel aus 3) multipliziert werden.
2. Bei 36 Nuten und 8 Polen entsteht eine symmetrische Bruchlochwicklung. Schaltbild hierfür: Raskop, „Der Katechismus für die Ankerwickelei", 12. Auflage, 1957.

Vergleiche
zwischen dem Tabellen-Schnellverfahren
und mathematischen Berechnungsverfahren

Es dürfte interessant sein, einmal vergleichsweise die Endergebnisse beider Rekonstruktionsverfahren gegenüberzustellen.

Als erstes Beispiel sei hierzu ein Fall erwähnt, der in der Fachzeitschrift EMA, Heft 5/1950, Seiten 140—144, ausführlich behandelt worden ist. Diesen Darlegungen liegt nachstehende Berechnungsformel zugrunde:

$$z = \frac{0{,}97 \cdot U \cdot 1{,}73 \cdot p \cdot 10^8}{f \cdot k \cdot 3{,}14 \cdot d \cdot L \cdot 0{,}64 \cdot Bl \cdot a}$$

In dieser Formel bedeuten:

z	=	Anzahl der Drähte je Ständernute
0,97	=	berücksichtigter induktiver Spannungsabfall im Motor
U	=	Netzspannung in Volt
p	=	Polzahl (nicht Polpaarzahl)
10^8	=	1000000000
f	=	die Netzfrequenz (in der Regel 50 Hz)
k	=	EMK-Füllfaktor, der mit 2,13 eingesetzt wird
d	=	Durchmesser der Ständerbohrung in cm
L	=	Länge des Blechpaketes in cm
0,64	=	Füllfaktor (aus 2 : 3,14) mit sinusförmigem Verlauf
Bl	=	Kraftliniendichte im Luftspalt (in Gauß)
a	=	Anzahl der Ständernuten.

Nach dieser Formel ergibt sich die Leiterzahl/Nute für folgenden Drehstrommotor:

Eisenmaße des Ständers:

Bleche, innen	=	12,3 cm
Eisenlänge	=	13,6 cm
Nutenzahl	=	36
Totaler Polquerschnitt	=	**526 cm²**

Dieser Ständer soll wie folgt bewickelt werden:

3 PS, 2,2 kW, 660/380 Volt, 1450 n
Die Luftinduktion wird zu 6000 gewählt
(siehe Beispiel in der EMA).

Es ergeben sich dann folgende Formelwerte:

$$z = \frac{0{,}97 \cdot 660 \cdot 1{,}73 \cdot 4 \cdot 10\,00000000}{50 \cdot 2{,}13 \cdot 3{,}14 \cdot 12{,}3 \cdot 13{,}6 \cdot 0{,}64 \cdot 6000 \cdot 36} = 57$$

also eine Leiterzahl je Nute von 57 (für 380 Volt Dreieck!).

Leiterzahl nach dem Tabellenverfahren:

Nach dem Tabellenverfahren ergibt sich eine Leiterzahl = 62, und zwar wie folgt:

a) Für einen totalen Polquerschnitt von etwa 526 cm² findet man aus der Tabelle 4, Seite 20, der vorliegenden Broschüre eine Leiterzahl von **1296: 36 = 36 · 1,73 = 62.**

b) Die Abweichung von dem durch Berechnung gefundenen Endwert 57 beträgt etwa 8%.

Dieser Unterschied resultiert im wesentlichen aus der Kraftliniendichte im Luftspalt, die mit 6000 eingesetzt wurde. Dieser Wert ist für einen 3-PS-Drehstrommotor für DB etwas hoch angesetzt, da es sich gemäß der Abmessungen des aktiven Eisens ja um einen Motor älteren Baujahres handelt.

Aus der nachstehenden Tabelle ist ersichtlich, daß Prof. Arnold im Jahre 1909 die Luftspaltinduktion (Kraftliniendichte im Luftspalt) mit 3500—6500 Gauß für richtig hielt. Der kleinere Wert gilt für kleine, der größere für größere Leistungseinheiten.

Der vorliegende Motor ist mit 3-PS-DB-Leistung nicht ausgenutzt, wie aus der Tabelle 4, Spalte 5, hervorgeht. Die Tabelle gibt für Motoren älteren Baujahres eine DB-Leistung von 4 PS 3 kW an. Hiernach müßte die Kraftliniendichte im Luftspalt niedriger, etwa mit 4500—5500 eingesetzt werden. Bei dieser Liniendichte ergibt sich dann ein etwas höherer Wert als 57.

Aus dieser Betrachtung geht hervor, daß das Tabellenverfahren — mit Sorgfalt angewandt — für alle Regelfälle praktisch brauchbare Werte ergibt.

c) Die Berechnung der Wickeldaten nach dem vergleichsweise angeführten Berechnungsverfahren ist mit der Feststellung der Zahl 57 (Leiter/Nute) keineswegs beendet.

Man müßte nun noch die Berechnung auf die Liniendichten in den Zähnen und im Joch weiter durchführen, um festzustellen, ob mit der gewählten Liniendichte im Luftspalt (6000) die zulässigen bzw. zweckmäßigen Liniendichten an diesen Stellen des aktiven Eisens auch eingehalten werden.

In vielen Fällen muß die Berechnung wiederholt, und zwar so oft wiederholt werden, bis die Idealwerte der verschiedenen Kraftliniendichten gefunden sind.

d) **Kraftliniendichten nach Vorschlag bekannter Fachleute**

Tabelle 22

Verfasser	Jahr	Luftspalt	Ständerzähne	Läuferzähne	Rücken	Joch
					Ständer	Läufer
Prof. Hobart	1905	5600	12800 21700	12300 21700	8600	11300
Prof. Arnold	1909	3500 6500	6000 10000	15000 18000	6000 10000	8000 12000
Prof. Lischwitz	1930	6500 8000	14000 17000 21000		9000 12000	
Prof. Richter	1936	7000 9000	16000 21000	17000 22000	13000 15500	10000 16000
Prof. Punga	1948	6000 7000	18000 19000	20000 22000	12000	

e) Demgegenüber geht das Tabellenverfahren grundsätzlich davon aus, daß das vorhandene bzw. vorgefundene aktive Eisen in allen Teilen noch der vom Hersteller gewählten Ausführung (Nutenmaße, Nutenform, Luftspalt usw.) entspricht und das Ursprungs-Leistungsschild noch vorhanden ist.

Für diese Fälle ist das Tabellenverfahren in erster Linie ausgearbeitet worden.

In der vorliegenden Broschüre wurde an zahlreichen Beispielen gezeigt, daß die nach dem Tabellenverfahren ermittelten Leiterzahlen nur unwesentlich von den Ursprungswickeldaten abweichen. Mithin müssen auch die Kraftliniendichten im Luftspalt, in den Ständer- und Läuferzähnen und im Ständer und Läuferjoch wieder die ursprünglichen Werte annehmen.

Eine Kontrollrechnung erübrigt sich daher, wenn die vorstehend erwähnten Voraussetzungen erfüllt sind (der Regelfall).

f) Wenn es sich um schwieriger gelagerte Fälle, z. B. um die Umwicklung eines normalen Drehstrommotors in einen polumschaltbaren Motor oder um die Umwicklung für eine andere als die ursprüngliche Drehzahl handelt, dann ist es immer ratsam, einen erfahrenen Berechnungsingenieur mit den erforderlichen Berechnungsarbeiten zu betreuen. Für diese Fälle ist das Tabellenverfahren nicht bestimmt und auch nicht geeignet.

Die in der Instandsetzungspraxis vorkommenden Regelfälle sind indessen so zahlreich, daß sich der Einsatz des vorliegenden

Tabellenverfahrens für alle Instandsetzungsfachleute reichlich lohnt.

Instandsetzungs- und Neuwicklungsarbeiten sind im Regelfalle sehr eilig und die Auflösung umfangreicher Berechnungsformeln enthält immer die Gefahr eines Rechenfehlers, besonders dann, wenn die tägliche Übung und die Erfahrung fehlt.

Aus allen diesen sachlichen Gründen ist das Tabellen-Verfahren für alle vorkommenden Regelfälle vorzuziehen.

Beispiel 2 (Fachzeitschrift EMA, Heft 7/57):

Berechnung eines normalen, nach Schutzart P 33 (oberflächengekühlt mit Rippengehäuse) ausgeführten Drehstrommotors 7 kW, 9,5 PS, 380/220 Volt, 50 Hz (DB)

Der Motor soll für Einstab-Kurzschlußläuferausführung berechnet werden. Isolation Kl. E (75° C Übert.). Es handelt sich hier um eine 4polige Ausführung.

Wir wählen ein Längenverhältnis $\lambda = 1 : D = 0{,}95$.

Annahme-Wirkungsgrad (für Nennlast)

a) bei Kurzschlußläufer-Ausführung: $\eta = 0{,}865$.

Leistungsfaktor (für Nennlast)

b) bei Kurzschlußläufer-Ausführung: $\cos\varphi = 0{,}86$.

Empirische Grundwerte nach Tabelle:

AS = 245, Maximale Luftinduktion Bl = 7000 G, Stromdichten $j_1 = 6{,}2\ \text{A/mm}^2$, $j_2 = 8\ \text{A/mm}^2$, Spannungsabfall u = 6%, daher $u = 220 \cdot 0{,}016 = 13\ \text{V}$.

Stromaufnahme bei 220 Volt (Dreieckschaltung):

$$I_l = \frac{7000}{1{,}73 \cdot 220 \cdot 0{,}86 \cdot 0{,}85} = \mathbf{25\ A.}$$

Bei 380 Volt (Sternschaltung):

$$I_{Pl} = \frac{25}{1{,}73} = \mathbf{14{,}5\ A}\ \text{(Phasenstrom).}$$

Die Ständerbohrung läßt sich aus der Beziehung berechnen:

$$D = \sqrt[3]{\frac{27 \cdot Epl \cdot I_{pl} \cdot 10^8}{Bl_{max} \cdot n \cdot AS}}\ \text{(cm)}$$

Phasen-EMK $E_{pl} = 220 - 0{,}06 \cdot 220 = \mathbf{207\ V.}$

Alle Werte eingesetzt: $D = \sqrt[3]{\frac{27 \cdot 207 \cdot 14{,}5 \cdot 10^8}{7000 \cdot 1500 \cdot 245 \cdot 0{,}95}} = 15\ \text{cm} = \mathbf{150\ mm}$

Luftspalt $\delta = 0{,}18 + \frac{D}{1000} = 0{,}18 + \frac{150}{1000} = 0{,}33 = \mathbf{0{,}35\ mm}$

Rotordurchmesser daher $D = 150 - 2 \cdot 0{,}35 =$ **149,3 mm.**
Wirksame **Eisenpaketlänge** $l = 0{,}95 \cdot 150 = 142$ mm,
praktisch $l =$ **145 mm**

Sattorwicklung: Drahtzahl je Phase: $z_l = \frac{AS \cdot D \cdot \pi}{3\ I_{pl}}$

$$= \frac{245 \cdot 15 \cdot 3{,}14}{3 \cdot 14{,}5} = \mathbf{264\ Drähte}$$

Wir wählen **36** Nuten, d. h. je Phase 12 und je Pol 9 Nuten bzw. Zähne. Gewählt: Zweischicht-Träufelwicklung.

Drahtzahl je Nut $z_n = \frac{264}{12} =$ **22 Drähte**

Drahtquerschnitt $F_l = \frac{I_{pl}}{j_l} = \frac{14{,}5}{6{,}2}\ 14{,}5 =$ **2,3 mm²**, dazu ⌀ 1,7 mm

Cu-Lack oder 2//1,2 mm ⌀ Cu-Lack

Kraftfluß $\Phi = \frac{E_{pl} \cdot 10^8}{2{,}22 \cdot 0{,}93 \cdot f \cdot z_l} = \frac{207 \cdot 10^8}{2{,}06 \cdot 50 \cdot 264} = \mathbf{0{,}76 \cdot 10^6\ M}$

Nutendisposition des Stators:

Die mittlere Zahninduktion wählen wir mit $B_{zl} = 12000$ G, daher wird die Zahnbreite bei 9 Nuten im Polbereich

$$b_{zl} = \frac{\Phi}{9 \cdot B_{zm} \cdot l_e} = \frac{0{,}67 \cdot 10^6}{9 \cdot 12000 \cdot 14{,}2} = 0{,}5\ \text{cm} = \mathbf{5\ mm}$$

Wir wählen **trapezähnliche** Nuten, gegen Bohrung abgeschrägt.

Innere Nutenteilung $= t_i = \frac{(150 + 2 \cdot 4)}{36} =$ **13,8 mm,**

somit kleinste Nutenbreite $b_i = 13{,}8 - 5 =$ **8,8 mm**

Die notwendige Nutentiefe kann mit 18 mm geschätzt werden, Schlitz gewählt 1 · 3 mm (breit).

Äußere Nutenteilung $t_a = \frac{(150 + 2 \cdot 17) \cdot \pi}{36} =$ **16 mm**

Maximale Nutenbreite: $b_a = 16 - 5 =$ **11 mm**

Die **mittlere Nutenbreite** ist somit $b_n =$ **9,4 mm**

Für Nutenisolation kann einseitig (einschl. Zuschlag) und Toleranz 0,7 mm, in der Breite 1,4 mm gerechnet werden. Es gehen daher i. M. 4 Drähte (1,8 mm isol. Lack) nebeneinander, es ergeben sich etwa 6 Lagen = rd. 11 mm. Es verbleiben für Tiefenisolation einschl. Keilabschluß noch 6 mm, was als reichlich anzusehen ist.

Statorkern (Rücken):

Bei einer gewählten Rückeninduktion von $B_r = 13500$ G hat man eine Rückenhöhe von $h_r = \frac{0{,}76 \cdot 10^6}{2 \cdot 14{,}2 \cdot 13500} = 2$ cm $=$ **20 mm**

Blech-Außendurchmesser:

$$D_a = 150 + 2\,(1 + 17 + 20) = 226 = \mathbf{225\ mm}$$

Wellendurchmesser:

$$d = 24 \sqrt[3]{\frac{N}{n}} = 24 \sqrt[3]{\frac{7}{1500}} = \mathbf{40\ mm}\ \text{(Mitte)}$$

Tabellen-Schnellverfahren:

Der vorstehend berechnete Drehstrommotor entstammt dem Baujahr 1957.

Der totale Polquerschnitt beträgt gemäß Abb. 1c, Seite 13:

$$\mathbf{15 \cdot 3{,}14 \cdot 14{,}5 = 687{,}3\ cm^2}$$

Für diesen Polquerschnitt enthält die Tabelle 19, Seite 43, in lfd. Nr. 11 und 12, Spalte 2, den Mittelwert aus 520 + 708 : 2 = 614 cm², Polfläche, und in Spalte 3 für die totale Leiterzahl bei 380 Volt Sternschaltung, 50 Hz den Mittelwert:

$$\frac{900 + 684}{2} = \frac{1584}{2} = \mathbf{792\ Leiter,}$$

je Nute also 792 : 36 = **22 Leiter.**

Die DB-Leistung des Motors beträgt nach Tabelle 19, Spalte 5, lfd. Nr. 11 und 12:

$$\frac{6{,}3 + 8}{2} = \text{etwa}\ \mathbf{7{,}15\ kW.}$$

Unter Berücksichtigung der Differenz zwischen den Polflächen = 687,3/614 cm² würde sich eine Leiterzahl/Nute von 614 : 687 = rund 0,9 · 22 = rund 20 ergeben.

Beispiel 3:

Bauknecht-Drehstrommotor,

Typ KS 4, 660/380 Volt, 3 kW, 1440 n, 6,3 Amp.

Eisenmaße und Wickeldaten:

Ständer, innen	=	14 cm
Eisenlänge	=	9 cm
Nutenzahl	=	36
Leiter/Nute	=	62 (Ursprungsdaten)
Totale Polfläche	=	**etwa 396 cm²**

I. Nach der Berechnungsformel ergibt sich eine Leiterzahl je Nute von:

$$z = \frac{0,97 \cdot 660 \cdot 1,73 \cdot 4 \cdot 1000000000}{50 \cdot 2,13 \cdot 3,14 \cdot 14 \cdot 9 \cdot 0,64 \cdot 5000 \cdot 36} = 82$$

wenn die Luftspaltinduktion mit 5000 eingesetzt wird.

Bei einer Luftspaltinduktion von 6000 ergibt sich eine Leiterzahl von:

$$\frac{5000 \cdot 82}{6000} = 66 \text{ Leiter/Nute.}$$

II. a) Es wäre zunächst festzustellen, daß gemäß der Schildleistung (3 kW) wahrscheinlich ein Baujahr — nach — 1930 in Betracht kommt.

b) Gemäß lfd. Nr. 9 der Tabelle 19 käme daher eine Leiterzahl von 1368 : 36 = 38 · 1,73 = 65,7 rund 66 Leiter/Nute in Betracht.

Der Tabellen-Polquerschnitt 335 liegt etwas niedriger als der Polquerschnitt des vorliegenden Motors (396 cm²). Mithin muß das Tabellenergebnis nach unten abgerundet werden.

Damit ergibt sich eine Leiterzahl, die den Ursprungsdaten gut entspricht.

c) Der nach dem Berechnungsverfahren gefundene Wert ist im wesentlichen von der Wahl der Luftinduktion (Liniendichte im Luftspalt) abhängig, wie aus dem Beispiel hervorgeht.

Beispiel 4:

AEG-Drehstrommotor,

Typ D 1 000/7,5, 380/220 Volt, 5,5 kW, 950 n (ältere Type).

Eisenmaße und Wickeldaten:

Ständer, innen	=	24,5 cm
Eisenlänge	=	12 cm
Nutenzahl	=	54
Leiter/Nute	=	22
Totale Polfläche	=	**924 cm²**

I. Nach der Berechnungsformel S. 53 ergibt sich eine Leiterzahl von:

$$z = \frac{0,97 \cdot 380 \cdot 1,73 \cdot 6 \cdot 1000000000}{24,5 \cdot 12 \cdot 6000 \cdot 54 \cdot 214} = 19 \text{ Leiter/Nute,}$$

wenn die Liniendichte im Luftspalt mit 6000 eingesetzt wird.

II. a) Der in Frage stehende Motor stammt aus einem Baujahr vor 1930. Gemäß der zugehörigen Tabelle 5 (6polig) ergibt sich für einen Polquerschnitt von etwa 924 cm² (lfd. Nr. 9) eine Leiterzahl von 1080 : 54 = 20 Leiter/Nute.

Anmerkungen:

Vollständig geschlossene und oberflächengekühlte Drehstrommotoren:

1. Bei der Leistungsschätzung (Feststellung des ungefähren Baujahres) ist darauf zu achten, ob die Schildleistung sich auf
   normale offene,
   spritzwassergeschützte,
   oberflächengekühlte oder
   vollständig gekapselte (ohne Außenkühlung)
   Ausführung handelt.

   Bei gleichen Eisenabmessungen (Blechpakete) und
   oberflächengekühlter und
   gekapselter
   Ausführung ist die DB-Leistung geringer als bei offener bzw. spritzwassergeschützter Ausführung.

2. Die Tabellenwerte in dieser Broschüre beziehen sich immer auf normale offene oder spritzwassergeschützte Ausführung, sowie auf DB-Leistung.

Die Leistungs- und Gewichtsunterschiede bei spritzwassergeschützten, oberflächengekühlten und gekapselten Drehstrommotoren für Dauerbetrieb

Der Aufwand an aktiven und passiven Baustoffen bei Drehstrommotoren für Dauerbetrieb (DB) ist im hohen Maße von der spezifischen Beanspruchung der aktiven Baustoffe (Dynamobleche, Wicklungskupfer), von der Drehzahl des Läufers, dem Baujahr, der Ausführungsart und der betrieblichen Inanspruchnahme abhängig.

Im Zusammenhang hiermit stehen auch die Totalgewichte und Abmessungen der Motoren.

Wie groß beispielsweise die Gewichtsunterschiede bei gleicher Leistung und Drehzahl, bezogen auf die verschiedenen Ausführungsarten sein können, zeigt die nachstehende Gegenüberstellung. Die Werte sind einer Preisliste entnommen und beziehen sich auf Drehstrommotoren, die nach dem Baujahr 1930 entworfen sind und zur Zeit noch laufend hergestellt werden.

Tabelle 23

Totalgewichte neuzeitlicher Drehstrommotoren für Dauerbetrieb

Leistung in kW	Drehzahl bei 50 Hertz	Ausführungsart	Totalgewicht in kg
2,2	3000	spritzwassergeschützt	30
		oberflächengekühlt	36
		gekapselt	78
3,0	3000	spritzwassergeschützt	55
		oberflächengekühlt	70
		gekapselt	125

Die vorstehend als Beispiel zur Betrachtung gestellten Motoren besitzen passive Bauteile (Lagerschilde, Mittelstücke usw.) aus dünnwandigem Maschinenguß. In Leichtmetallausführung kommen geringere Totalgewichte in Frage.

Die aufgezeigten Gewichtsunterschiede beziehen sich anteilmäßig sowohl auf die aktiven, als auch passiven Bauteile.

Der Bedarf an Wicklungskupfer für die Ständerwicklungen zeigt beispielsweise folgende Unterschiede:

Tabelle 24

Kupfergewichte der Ständerwicklungen

Leistung in kW	Drehzahl bei 50 Hertz	Ausführungsart	Kupfergewichte netto
4	1500	spritzwassergeschützt	5
	4polig	oberflächengekühlt	6
		gekapselt	12,2

Etwa entsprechend der Gewichtsunterschiede und somit auch der äußeren Abmessungen, sowie des Arbeitszeitaufwandes, weisen auch die Listenpreise entsprechende Unterschiede auf.

Tabelle 25

Listenpreise von neuzeitlichen Drehstrommotoren verschiedener Ausführungsarten (Dauerbetrieb)

Leistung in kW	Drehzahl bei 50 Hertz	Ausführungsart	Listenpreise ohne Aufschläge (1939)
3	1500	spritzwassergeschützt	135 RM
3,5	4polig	oberflächengekühlt	200 RM
3,0	4polig	gekapselt	330 RM

Die Unterschiede in den Schildleistungen bei den verschiedenen Ausführungsarten, bezogen auf gleichen, äußeren Ständerblech-Durchmesser zeigt die nachstehende Gegenüberstellung.

Tabelle 26

Leistungsunterschied bei gleichem Aufwand an aktiven Baustoffen

Drehzahl bei 50 Hertz	Ausführungsart	Kupfergewichte d. Ständerwicklg. in kg	Schildleistung in kW
3000	spritzwassergeschützt	3,6	2,4
3000	oberflächengekühlt	3,6	1,6
3000	gekapselt	3,6	0,65

Die prozentuale Leistungsminderung bei den verschiedenen Ausführungsarten, bezogen auf gleichen Aufwand an aktiven Baustoffen (Dynamobleche und Wicklungskupfer) und gleicher Drehzahl (Polzahl und Frequenz) für Dauerbetrieb ergibt sich in etwa aus folgender Übersicht:

Tabelle 27

Übersicht über die ungefähre, prozentuale Leistungsminderung bei den verschiedenen, üblichen Ausführungsarten

(Mittelwerte aus Leistungen etwa 1—20 kW)

Drehzahl bei 50 Hertz	Ausführungsart	Leistungsminderung in % (ungefähre Mittelwerte)
3000	spritzwassergeschützt	0
	oberflächengekühlt	30%
	gekapselt	50—70%
1500	spritzwassergeschützt	0
	oberflächengekühlt	20%
	gekapselt	60—65%
1000	spritzwassergeschützt	0
	oberflächengekühlt	15%
	gekapselt	33%
750	spritzwassergeschützt	0
	oberflächengekühlt	10%
	gekapselt	30%

Hieraus ist deutlich ersichtlich, welchen einschneidenden Einfluß die beschleunigte Abführung der Stromwärme (Kühlung — Belüftung) aus dem Innern der aktiven Baustoffe auf die Nennleistung, Abmessungen und Gewichte der Motoren hat. Bei 3000 n sind die Unterschiede erheblich größer als bei den niedrigeren Drehzahlen. Die Unterschiede sind also keineswegs einheitlich. Es kommt sehr auf die Drehzahl des Läufers an, aber auch auf die Leistungseinheit. Bei Motoren geringer Schildleistung sind die Unterschiede kleiner als bei solchen höherer Leistung.

III. Teil

Einphasen-Wechselstrom-Asynchronmotoren

mit Hilfswicklung

Einphasen-Wechselstrom-Asynchronmotoren mit Käfigläufer, normale offene Ausführung für 220 Volt, 50 Hertz

Diese Motoren haben für den Instandsetzungsfachmann insofern eine Bedeutung, als es sich von Fall zu Fall um die Deckung eines plötzlich eintretenden Bedarfes handelt. Dieser Bedarf bezieht sich im Regelfalle auf Motoren geringer Leistung, etwa bis 0,75 kW und einer synchronen Drehzahl von 1500 n bei 50 Hertz (4polig).

Es sei vorweggenommen, daß dieser Bedarf in normalen Zeiten mit normalen Drehstrommotoren unter Beibehalt der Dreiphasen-Ständerwicklung gedeckt werden kann. Nur in den Fällen, wo kein Drehstrommotor entsprechender Leistung und Drehzahl zur Verfügung steht oder besondere Ansprüche hinsichtlich des Läufer-Anlaufes oder des Anlauf-Drehmomentes gestellt werden, kommt die Herstellung einer Einphasen-Wechselstrom-Ständerwicklung nach Maßgabe des aktiven Eisens, Polzahl, Spannung und Ausführungsart in Betracht.

1. Die Verwendung des normalen Drehstrom-Asynchronmotors als Einphasen-Wechselstrom-Asynchronmotor mit Hilfs- (Anlauf-) Wicklung und zusätzlichen Anlauf-Hilfsmitteln

Die hauptsächlichste Schwierigkeit bei allen Einphasen-Asynchronmotoren mit Käfigwicklung ist die Erzielung eines Läufer-Anlaufcs, der den gegebenen Verhältnissen entspricht.

Ohne zusätzliche Anlauf-Hilfsmittel (Kondensatoren, Widerstände, Drosselspulen, Anlauf-Transformatoren oder mechanische Anwurfvorrichtungen) ist ein einwandfreier Anlauf des Läufers im Regelfalle nicht zu erzielen.

Einphasen-Leistung:

Die Einphasen-Leistung ist in jedem Falle erheblich geringer als die Schildleistung des Drehstrommotors, der als Einphasenmotor Verwendung finden soll, und zwar beträgt die Einphasenleistung etwa 0,5 bis 0,6mal der Dreiphasenleistung.

Ein 1-PS-Drehstrommotor leistet als Einphasenmotor also nur noch $0{,}5 \cdot 1$ PS bis $0{,}6 \cdot 1$ PS = 0,5—0,6 PS.

Die praktische Anwendung der Hilfsmittel für den Anlauf des Einphasenläufers kann nach verschiedenen Grundsätzen geschehen, die in zahlreichen Schaltarten in dem Buche des Verfassers „Der Katechismus für die Ankerwickelei", 12. Aufl., 1957, dargelegt sind und hier nicht weiter erwähnt werden sollen, weil die vorliegende Broschüre andere Aufgaben zu erfüllen hat.

2. Die Schnellbestimmung der Wickeldaten für die Arbeits- und Hilfs- (Anlauf-) Wicklung der Einphasen-Wechselstrom-Asynchronmotoren

Analog der in dieser Broschüre enthaltenen Tabellen 4—6 hat der Verfasser eine Tabelle für 4polige Einphasen-Asynchron-Kleinmotoren nach den gleichen Grundsätzen zusammengestellt. Diese Tabelle 28 bezieht sich nur auf Einphasenmotoren normaler, offener Ausführung, wo die Arbeitswicklung $^2/_3$ der vorhandenen Ständernuten belegt (Regelfall).

Beispiel: Totale Ständer-Nutenzahl = 36
Nutenzahl der Arbeitswicklung = 24 ($^2/_3$)
Nutenzahl der Hilfswicklung = 12 ($^1/_3$)

A. Die Schnellbestimmung der Wickeldaten für die Arbeitswicklung

Beispiel 1:

a) **Maße des aktiven Eisens:**
Ständer, innen = 9 cm
Eisenbreite = 9 cm
dann ergibt sich eine totale Polfläche von 3,14 · 9 · 9 = **254 cm²**.

b) Dieser Polfläche entspricht nach der Tabelle 28 eine totale Leiterzahl von etwa 800.
Bei 24 Nuten für die Arbeitswicklung ergibt sich eine Leiterzahl je Nute von 800 : 24 = 33 (Ursprungsleiterzahl = 32/Nute).

Der als Beispiel 1 gewählte Einphasen-Asynchronmotor ist ein Erzeugnis der Firma Schorch, Rheydt, und trägt die Typenbezeichnung EKA 1 L. Weitere Angaben hierüber:

Arbeitswicklung:
24 Nuten, 4polig, je Nute 32 Leiter, je Leiter 2 Drähte parallel, Draht blank 0,65 mm ⌀, isol. 0,73 mm ⌀, 4 Spulen in Serie (220 Volt).
Hilfs- (Anlauf-) Wicklung:
12 Nuten, je Nute 100 Drähte (Leiter), Draht blank = 0,5 mm ⌀, isol. 0,57 mm ⌀, 4 Spulen in Serie.
Nutenmaße des Ständer:
4,7 · 6,2 · 12 mm, Schlitz = 1,5 mm.

Beispiel 2:

Einphasen-Asynchronmotor,
220 Volt, 50 Hertz, 0,22 kW, 4polig, Typ EKOS.
Hersteller: Schorch-Elin.

a) **Maße des aktiven Eisens:**

Ständer, innen	=	9 cm
Eisenbreite	=	6,5 cm
Totale Polfläche	=	etwa 184 cm^2 (errechnet).

b) **Wickeldaten:**

Arbeitswicklung:

24 Nuten, je Nute 43 Leiter, je Leiter 2 Drähte parallel, Draht blank 0,65 mm ⌀, isol. 0,8 mm ⌀, je Nute 86 Einzeldrähte, 4 Spulen in Serie.

Hilfs- (Anlauf-) Wicklung:

12 Nuten, je Nute 30 Leiter, je Leiter 3 Drähte parallel = 90 Einzeldrähte, verzinnter Eisendraht von 0,6 mm blank, isol. 0,75 mm ⌀, 4 Spulen in Serie.

Leiterzahl nach der Tabelle 28 = 1100 : 24 = 45 je Nute.

Anmerkung: Die Hilfs- (Anlauf-) Wicklung besteht bei diesem Motor nicht aus Kupfer-, sondern aus verzinntem Eisendraht. (Sehr wichtig für den Anlauf!)

Beispiel 3:

Einphasen-Asynchronmotor,
220 Volt, 0,8 kW, 1400 n, 50 Hertz, 4polig.
Hersteller: Stephan-Thurm, Typ EM 54-S.

a) **Maße des aktiven Eisens:**

Ständer, innen	=	12 cm
Eisenbreite	=	7,6 cm
Totale Polfläche	=	etwa 280 cm^2 (errechnet).

b) **Wickeldaten:**

Arbeitswicklung:

24 Nuten, je Nute 35 Drähte, Draht 1,2 mm ⌀, 4 Spulen in Serie.

Hilfswicklung:

12 Nuten, je Nute 70 Drähte, Draht 0,5 mm ⌀, 4 Spulen in Serie.

Leiterzahl nach Tabelle 28 = etwa 780 : 24 = 32 je Nute.

B. Die Wickeldaten für die Hilfs- (Anlauf-) Wicklung.

Für die Bestimmung der Leiterzahlen der Hilfs- (Anlauf-) Wicklung gibt es keine festen Grundsätze. Die Leiterzahl soll so gewählt werden, daß der bestmöglichste Anlauf erzielt wird.

Es können hier eine ganze Anzahl Wege beschritten werden, und es muß dem Instandsetzungsfachmann überlassen bleiben, welchen Weg er für aussichtsreich hält.

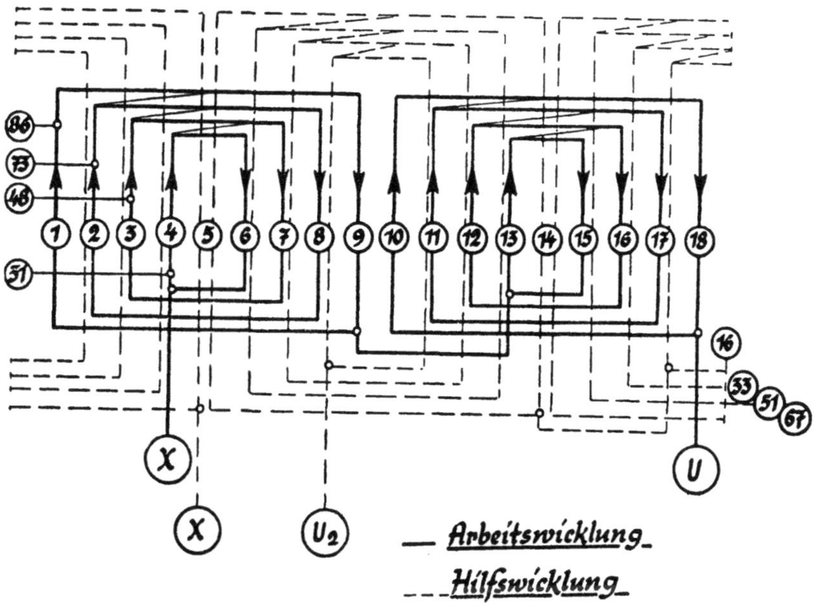

Abbildung 5. 4pol. Einphasen-Wicklung,
18 Nuten mit gestaffelter Leiteranordnung in den Nuten

Um einen bestmöglichen Anlauf des Läufers zu erzielen, können folgende Maßnahmen getroffen werden:

1. Die Hilfs- (Anlauf-) Wicklung wird aus verzinntem Eisendraht hergestellt. (Siehe Beispiel 2.)
2. Einige Windungen der Hilfswicklung werden bifilar gewickelt. (Siehe Fachzeitschrift EMA, Heft 3-4/48, Seite 55.)
3. Die Leiter der Arbeits- und Hilfswicklung werden gestaffelt etwa so auf die vorhandenen Ständernuten verteilt, daß Leiter der Arbeits- und Hilfswicklung teilweise in denselben Nuten liegen. (Siehe Schaltbild Abb. 5.)
4. Das Verhältnis der Leiterzahlen in der Arbeits- und Hilfswicklung wird nach eigenen Erfahrungen etwa 1 : 1, 1 : 0,9 usw. gewählt.

Im Beispiel 1 ist das Leiterverhältnis 768 : 1200 = etwa 1 : 1,55 gewählt. Im Beispiel 2 beträgt das Verhältnis 1032 : 360 = 0,35, im Beispiel 3 etwa 840 : 840 = 1 : 1.

In der Regel ist der einwandfreie Anlauf des Läufers nach den Beispielen 1—3 nicht ohne zusätzlichen Einsatz von Kondensatoren, Widerständen, Drosselspulen usw. zu erzielen. Die jeweils zum Einsatz gewählten Hilfsapparate und Hilfsmittel lassen sich nur annähernd im voraus bestimmen. Im Regelfalle muß man die geeignete Auslegung durch praktische Versuche auf dem Prüffeld ermitteln, d.h. die Anlaufkondensatoren müssen ausprobiert, die Länge des Widerstandsdrahtes muß durch Versuche ermittelt werden usw.

Nach den Erfahrungen des Verfassers ist die Anordnung der Leiterzahlen nach Absatz B, Unterabsatz 3, aus verschiedenen Gründen zu bevorzugen, insbesondere deswegen, weil praktisch brauchbare Anlaufverhältnisse — ohne zusätzlichen Einsatz weiterer Hilfsmittel — erzielt werden können.

Im übrigen wird auf die Anlaufschaltungen für Einphasen-Asynchronmotoren in dem Buche des Verfassers „Der Katechismus für die Ankerwickelei“, 12. Aufl., 1957, hingewiesen.

Zusammengefaßt kann festgestellt werden, daß die Bewicklung eines Einphasen-Asynchronmotors nur annähernd durch Vorausberechnung bestimmt werden kann. Die wesentliche Schwierigkeit, nämlich die Schaffung der Voraussetzungen für einen einwandfreien Anlauf des Läufers ist und bleibt eine Angelegenheit der persönlichen Erfahrung auf diesem Gebiete.

Hinsichtlich der jeweils erforderlichen Drahtquerschnitte gelten die Hinweise, die für Drehstrommotoren angegeben sind. (Siehe Seite 14 dieser Broschüre.)

Besondere Hilfsmittel für die Erzielung des Läuferanlaufes*):

a) Induktionsfreier Widerstand (siehe Raskop: Der Katechismus für die Ankerwickelei, 12. Aufl., 1957).

b) Bifilare Hilfswicklung (siehe Fachzeitschrift EMA, Heft 1/1950, Seite 17 „Einphasenmotor mit bifilarer Hilfsphase).

c) Drosselspulen (siehe Raskop: Der Katechismus für die Ankerwickelei, 12. Aufl., 1957).

d) Hilfswicklung aus Eisendraht (siehe Fachzeitschrift EMA, Heft 9/10, 1948, Seiten 148/149).

e) Anlauf-Kondensatoren (siehe Raskop: Der Katechismus für die Ankerwickelei, 12. Aufl., 1957).

f) Gestaffelte Verteilung der Leiterzahlen für die Hilfs- und Arbeitswicklung auf die Ständernutenzahl (siehe Schaltbild Abb. 5).

---

*) Siehe auch Fachzeitschrift EMA, Jahrgang 1956, S. 354—361, sowie Jahrgang 1957, S. 3—10, „Mittel und Methoden zur Verbesserung des Anlaufes bei Einphasen-Käfigläufermotoren“.

Tabelle 28

für Einphasen-Wechselstrom-Asynchronmotoren

4polig, 220 Volt, 50 Hertz

Leiterzahlen für die Arbeitswicklung 4polig

1	2	3	4
Lfd. Nr.	Totale Polfläche in cm²	Totale Leiterzahl der Arbeitswicklung	
		Baujahr bis 1930	Baujahr nach 1930
1	115	1800	1540
2	170	1160	995
3	186	1100	918
4	242	834	709
5	255	800	685
6	345	600	510
7	414	550	438

Anmerkung: Die obigen Tabellenwerte beziehen sich auf normale, offene und spritzwassergeschützte Einphasen-Asynchronmotoren für DB-Betrieb. Im Regelfalle kommen die Tabellenwerte gemäß Spalte 3 in Betracht.

IV. Teil

Die Rekonstruktion der Wickeldaten für

Kleinst-Kollektormotoren

Die Rekonstruktion der Wickeldaten bei Kleinst-Kollektormotoren

Bei der Rekonstruktion der Wickeldaten an Kleinst-Kollektormotoren muß davon ausgegangen werden, daß die Erbauer solcher Kleinstmaschinen die Standard-Wickeldaten im Regelfalle nicht allein durch eine Vorausberechnung, sondern durch nachträgliche Korrekturen an Hand der Prüffeldergebnisse festlegen.

Von Zufälligkeiten abgesehen, ist es nicht möglich, allein durch Anwendung mathematischer Berechnungsverfahren die Ursprungs-Wickeldaten der Kleinst-Kollektormaschinen durch Vorausberechnung zu rekonstruieren.

Hieraus ergibt sich der unschätzbare Wert eines Wickeldatenarchives für Kleinst-Kollektormotoren, in welchem neben den Ursprungs-Wickeldaten möglichst auch die Maße des aktiven Eisens enthalten sind. Der planmäßige Auf- und ständiger Ausbau eines solchen Archives dürfte eines der wichtigsten Aufgaben derjenigen Fachleute sein, die sich mit der Instandsetzung und Neuwicklung von Kleinstmaschinen befassen.

Es herrscht leider noch immer die irrtümliche Auffassung, daß es bei der Kleinheit der Motoren nicht so genau auf die Einhaltung der Ursprungs-Wickeldaten ankomme. Insbesondere wird nicht immer erkannt, daß an Stelle eines vorgefundenen Drahtdurchmessers von beispielsweise 0,23 mm ein Drahtdurchmesser von 0,2 oder 0,25 mm einen erheblichen Einfluß auf die Leistungscharakteristik des Motors, insbesondere auf die Ankerdrehzahl und Erwärmung hat. Bei Staubsaugermotoren ändert sich durch solche Änderungen die Saugwirkung, bei Bohrmaschinen kann es vorkommen, daß die Leistung derselben nicht mehr ausreicht, um die früheren Arbeiten damit ausführen zu können.

Infolge fahrlässig oder aus Unkenntnis geänderter Ursprungs-Wickeldaten vergrößert sich das Heer der Kleinstmotor-Invaliden von Tag zu Tag. Die berufenen Instandsetzungsfachleute suchen verständlicherweise nach Mittel und Wege, um durch eine Rekonstruktion der Ursprungs-Wickeldaten diese Kleinstmotor-Invaliden bestmöglichst wieder in Ordnung zu bringen. Soweit die Ursprungs-Wickeldaten nicht im eigenen Wickeldatenarchiv vorhanden sind oder von anderer Seite beschafft werden können, bleibt nichts weiter übrig, die Daten bestmöglichst zu rekonstruieren.

Tabelle 29
für 3000 n, 220 Volt, DB-Betrieb

Leistg. in Watt Gleichstrom (Abg.)	Anker			Totale Leiterzahl im Anker	Draht ∅ im Anker	Magnetspulen		Strom J	Luftspalt δ
	Durchmesser in cm	Packlänge in cm	Totale Polfl. in cm²			Wdg. je Spule	Draht ∅		
1	2	3	4	5	6	7	8	9	10
10	3	3	28	11000	0,08	1050	0,16	0,09	0,25
25	3,5	4	44	8500	0,12	520	0,23	0,2	0,25
50	4,5	4,5	59	6400	0,16	320	0,33	0,36	0,25
75	5	5	78,5	5000	0,2	250	0,4	0,53	0,3
100	5,5	5,5	95,5	4400	0,23	190	0,5	0,7	0,3
125	5,5	6	104	3900	0,25	175	0,55	0,86	0,35
150	6	6	113	3500	0,28	150	0,6	1	0,35
175	6,5	6	122,5	3200	0,3	132	0,65	1,15	0,35
200	6,5	7	143	3000	0,32	120	0,7	1,3	0,35

Tabelle 30
für 5000 n, 220 Volt, 50 Hertz, DB-Betrieb

Leistung in Watt	Anker			Totale Leiterzahl im Anker	Draht ∅ im Anker	Magnetspulen		Stromstärke 220 Volt	Luftspalt δ
	Durchmesser in cm	Packlänge in cm	Totale Polfl. in cm²			Wdg. je Spule	Draht ∅		
1	2	3	4	5	6	7	8	9	10
10	2,5	2,8	22	9200	0,08	1050	0,16	0,088	0,25
25	3	3,5	33,5	6000	0,12	520	0,23	0,19	0,25
50	3,5	4,2	46	5300	0,16	350	0,33	0,35	0,25
75	4	4,5	56,5	4200	0,2	250	0,4	0,51	0,3
100	4,5	4,5	59	3500	0,23	190	0,5	0,68	0,3
125	5	4,5	70,6	3100	0,25	175	0,55	0,86	0,35
150	5,5	4,5	78	2800	0,28	145	0,6	0,98	0,35
175	5,5	5,5	95,5	2600	0,3	132	0,65	1,13	0,35
200	5,5	6,0	104	2500	0,32	120	0,7	1,28	0,35

Es ist außerordentlich schwierig, ein einfaches, zuverlässiges Verfahren hierfür auszuarbeiten, da eine Unzahl von Faktoren zu berücksichtigen ist, die im einzelnen nicht immer genau erfaßt werden können.

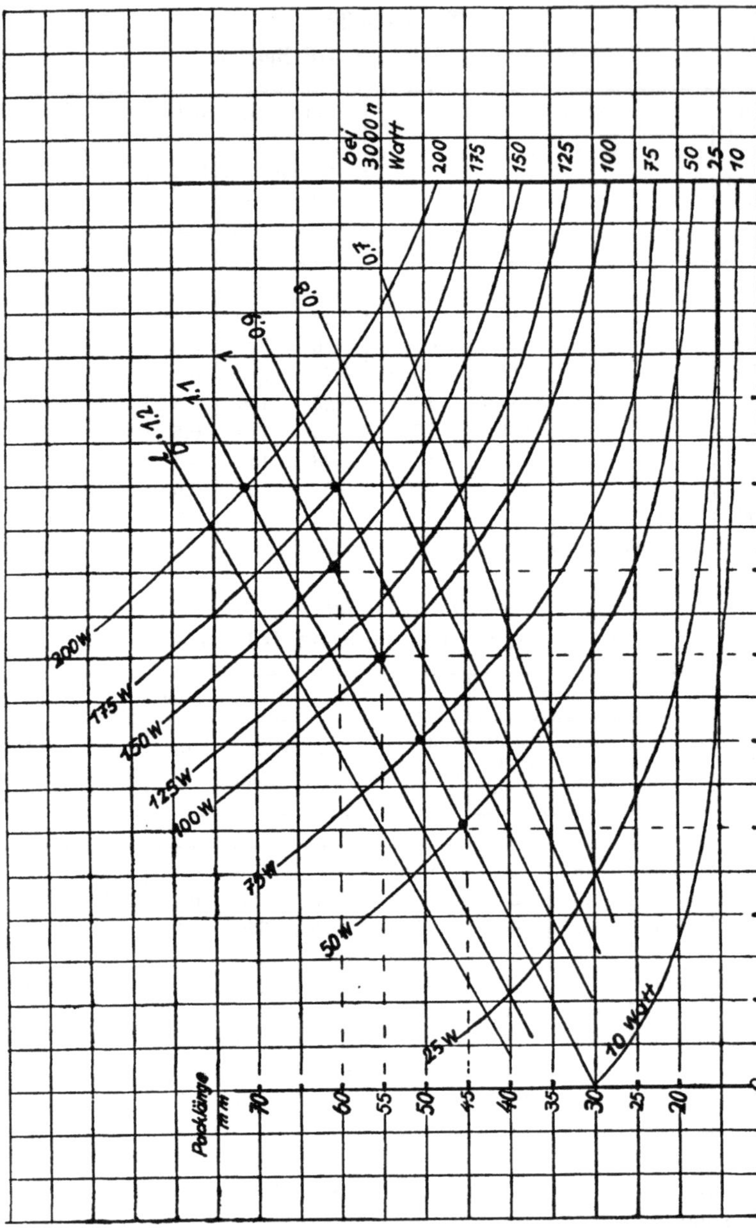

Abb. 6. Schaubild für die Dimensionierung des Ankerdurchmessers und der Packlänge bei Kleinst-Kollektormotoren mit Hauptschlußcharakter, mit einer Ankerdrehzahl = 3000 n.

l/D = Verhältnis: Ankerdurchmesser/Packlänge. D = Ankerdurchmsser in mm.

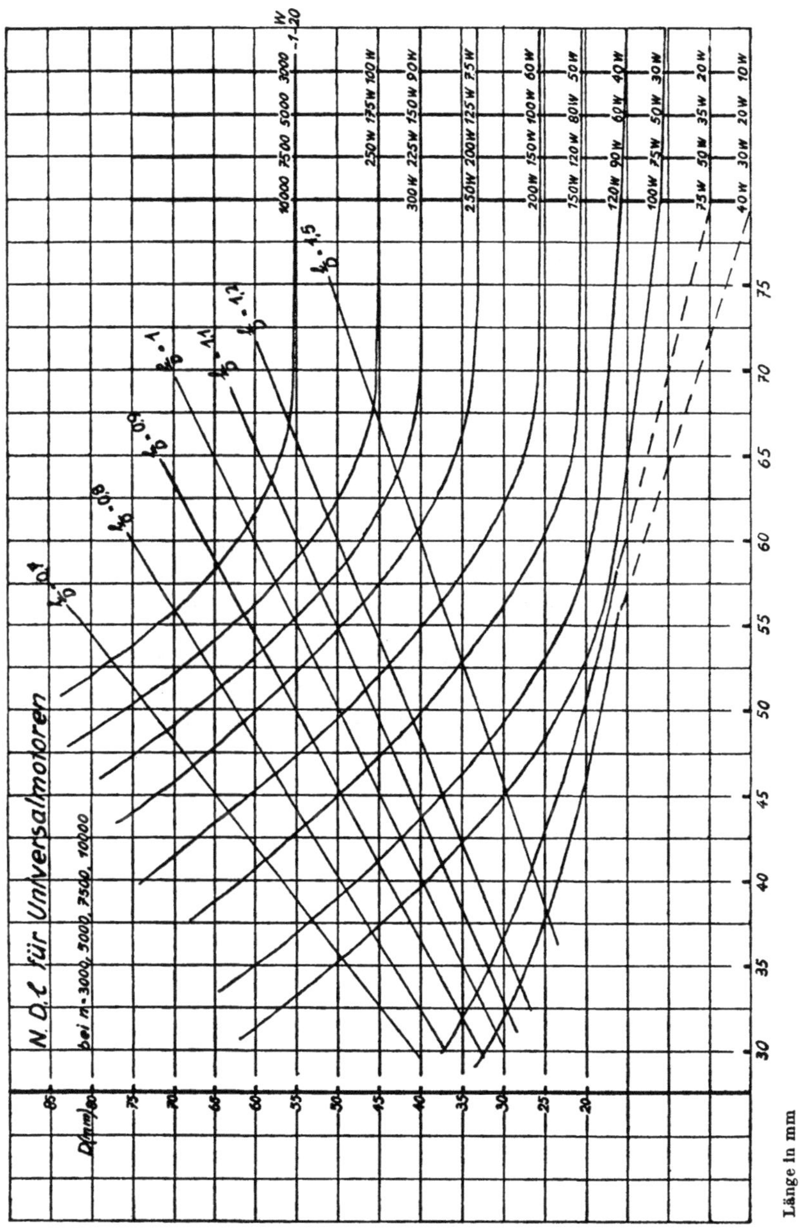

Abb. 7. Schaubild für die Dimensionierung des Ankerdurchmessers und der Packlänge, bezogen auf die Ankerdrehzahlen 3000, 5000, 7500 und 10000 n und Leistungen von 10—300 Watt bei Universal-Kollektor-Kleinstmotoren mit Hauptschlußcharakter.

l = Packlänge in mm, D = Ankerdurchmesser in mm.

Beispielsweise ist die Ankerdrehzahl bei Staubsaugern und Bohrmaschinen selten auf dem Leistungsschild des Motors vermerkt. Die schildmäßigen Leistungsangaben beziehen sich fast immer auf die vorliegende Sonderausführung und auf die betriebsmäßige Beanspruchung des Motors. Bei Staubsauger werden Wicklungen und Eisen durch den angesaugten Frischluftstrom besonders gut gekühlt. Bei Bohrmaschinen ist dies nicht immer der Fall. Im übrigen können die Abmessungen des aktiven Eisens nur auf die jeweils vorliegende betriebsmäßige Beanspruchung der Motoren bezogen werden.

Das nachstehende Tabellenverfahren kann aus den dargelegten Gründen nur zu einer „bestmöglichen" Rekonstruktion der Wickeldaten herangezogen werden.

Es geht im wesentlichen von der gesamten Polfläche des Ankers und von der Ankerdrehzahl aus.

Dynamische Auswuchtung der Kleinanker

Gelegentlich einer Neuwicklung von Kleinst-Kollektormotoren ist darauf zu achten, daß der umlaufende Teil (Anker) auch wieder in den ursprünglichen, also dynamisch ausgewuchteten Zustand, versetzt wird.

Wird die dynamische Auswuchtung unterlassen, dann besteht die Möglichkeit, daß z. B. bei Staubsauger der ursprüngliche Unterdruck (die Saugwirkung) nicht erreicht wird und der Kunde mit Recht reklamiert.

Desgleichen kann der unausgewuchtete Zustand des Ankers auch zu einer erhöhten Erwärmung der Wicklungen und des Eisens führen.

Wichtig ist weiter eine einwandfreie Beschaffenheit der Lager, insbesondere der Kugellager und der Einbau der Kugellager in den Lagerschild.

Tabelle für 7500 n . . . . Seite 82

Tabelle für 10000 n . . . . Seite 83

Kleinst-Kollektormotoren

Vergleichs-Beispiele:

Bei den nachstehend aufgeführten Beispielen ist davon ausgegangen, daß die Tabellenwerte der Tabellen 29 und 30 sich auf normale Kleinstmotoren für Dauerleistung beziehen.

Bei Staubsauger-Motoren ist demgegenüber zu berücksichtigen, daß dieselben besonders intensiv gekühlt werden. Verglichen mit der Oberfläche des Ankers (totale Polfläche in cm²) und der Ankerdrehzahl, liegen die Schildleistungswerte der Staubsauger-Motoren entsprechend höher als die Tabellenwerte.

Bei elektrischen Handbohrmaschinen handelt es sich im Regelfalle um einen aussetzenden Betrieb. Hier liegen daher die Schildleistungswerte ebenfalls höher als die Tabellenwerte, die sich auf Dauerleistung beziehen. (Siehe auch Tabelle 33.)

Beispiel 1:

Handbohrmaschine „Micox“,
150 Watt, 220 Volt, Typ DG 1908, bis 10 mm bohrend.

Eisenmaße und Wickeldaten:

Ankerdurchmesser	=	4,7 cm
Ankerlänge	=	3,4 cm
Totale Polfläche	=	etwa 50 cm²
Nutenzahl/Anker	=	14
Leiter/Nute	=	180
Drahtstärke	=	0,2 mm ⌀

Die Daten der Magnetspulen sind unbekannt.

a) Gemäß der Polfläche (etwa 60 cm²) und der Schildleistung (150 Watt) kann die Ankerdrehzahl auf etwa 7500 n geschätzt werden. Die Leistung (150 Watt) bezieht sich auf intermittierende Arbeitsleistung der Bohrmaschine.

b) Gemäß der Tabelle 31 für 7500 n muß die Höchstleistung der Tabelle (150 Watt) gewählt werden.
Nach Spalte 5 dieser Tabelle käme eine
Leiterzahl von 2550 : 14 Nuten = rund 183 Leiter/Nute
in Betracht.
Die Ursprungsleiterzahl (180/Nute) weicht nur unwesentlich von der Tabellen-Leiterzahl ab.

Der Anker-Drahtdurchmesser gemäß Tabelle ist jedoch 0,28 und der Ursprungs-Drahtdurchmesser ist 0,2 mm.
Wählt man den Mittelwert von 2800 und 2525, dann ergibt sich eine Leiterzahl/Nute von 191 und ein Drahtdurchmesser von etwa 0,24.

Beispiel 2:

Staubsauger „Nilfisk“,
125 Watt, 220 Volt, Typ M 20.

Eisenmaße und Wickeldaten:

Ankerdurchmesser	=	4 cm
Ankerlänge	=	3,8 cm
Totale Polfläche	=	etwa 48 cm²
Nutenzahl	=	12
Leiter/Nute	=	224
Drahtstärke/Anker	=	0,2 mm ∅
Magnetspulen	=	285 Wdg., Draht 0,35 mm ∅.

a) Gemäß der Schildleistung (125 Watt) kommt die Drehzahl 7500 n und der Polquerschnitt (56,5) der Spalte 4 in Betracht.
Zu diesem Polquerschnitt gehört die
Anker-Leiterzahl 3100 : 12 Nuten = 258 Leiter/Nute
Draht = 0,23 mm ∅.
Die Differenz zwischen der Ursprungs-Leiterzahl (224) und der Tabellen-Leiterzahl (258) ist etwa 15%.

b) Die Ursprungs-Wickeldaten der Magnetspulen sind mit 285 Wdg./Spule, Draht 0,35 mm ∅ verzeichnet.
Der Tabellenwert (Spalte 7) beträgt 210,
Drahtdurchmesser = 0,5 mm.
Der Unterschied ist unwesentlich.
(Siehe Tabelle 31, Seite 82.)

Beispiel 3:

Staubsauger „Elektro-Lux“,
Typ 7/220, 220 Volt, 125 Watt.

Eisenmaße und Wickeldaten:

Ankerdurchmesser	=	4 cm
Ankerlänge	=	4 cm
Totale Polfläche	=	50 cm²
Nutenzahl	=	12
Leiter/Nute	=	220
Drahtstärke	=	0,2 mm ∅
Magnetspulen	=	280 Wdg., Draht 0,3 mm ∅

Angaben über die Ankerdrehzahl fehlen.

a) Für den Polquerschnitt von etwa 50 cm² und eine schildmäßige Leistung von 125 Watt (besonders gute Kühlung) enthält die Tabelle 32 für eine Ankerdrehzahl = 10000 n eine Leiterzahl von 2400 : 12 = 200 Leiter/Nute
Draht = 0,25 mm ⌀.
Die Differenz in der Leiterzahl beträgt etwa 10%.

b) Die Daten für die Magnetspulen ergeben sich aus derselben Tabelle zu 160 Wdg., Draht 0,55 mm ⌀.
Die Differenz in der Windungszahl ist erheblich.
Die Platzverhältnisse im Polring geben Aufschluß darüber, ob ein Draht von 0,55 mm ⌀ in dem vorhandenen Wickelraum untergebracht werden kann. Es wäre kein großer Fehler, wenn an Stelle Draht 0,3 ein solcher von 0,55 mm ⌀ zur Anwendung kommen würde. Die Platzverhältnisse sind hier entscheidend.
(Siehe Tabelle 33, Seite 83.)

Beispiel 4:

SSW-Wäschezentrifuge,
Typ WS 1, 220 Volt, 50 Watt.

Eisenmaße und Wickeldaten:

Ankerdurchmesser	=	3,2 cm
Ankerlänge	=	2,6 cm
Totale Polfläche	=	etwa 26 cm²
Nutenzahl	=	8
Leiterzahl/Nute	=	620
Drahtstärke	=	0,10 mm ⌀.

Magnetdaten und Ankerdrehzahl fehlen.

a) Die Wäschezentrifuge ist für aussetzenden Betrieb bestimmt. Die Nennleistung des Motors liegt daher höher als für den Polquerschnitt der Tabelle angegeben.

b) Die intermittierende Leistung (50 Watt) entspricht etwa der Dauerleistung (30 Watt).
Die Tabelle 31 enthält für einen Polquerschnitt von etwa 26,4 cm² und eine Ankerdrehzahl von etwa 7 500 n.
4200 : 8 = etwa 525 Leiter/Nute
Draht = 0,12 mm ⌀
Die Differenz beträgt etwa 15%.

c) Die Differenz in dem Ankerdurchmesser ist immerhin nennenswert. Der vorhandene Nutenraum gibt Aufschluß darüber, ob bei ausreichender Nutenisolation und sorgfältiger Wickelarbeit (Raumausnutzung) ein Draht von 0,12 mm ⌀ überhaupt untergebracht werden kann.

Man kommt hierdurch vielfach schon von selbst darauf, den Drahtdurchmesser dem vorhandenen Nutenraum sorgfältigst anzupassen. Ein etwas stärkerer Draht kann weitaus weniger Schaden anrichten als ein zu schwacher Draht.

Anmerkung: Die große Schwierigkeit bei der Rekonstruktion verlorengegangener Ursprungs-Wickeldaten bei Kleinstmotoren liegt u. a. darin, daß die Ankerdrehzahl im Regelfalle unbekannt ist. Die Ankerdrehzahl ist nur selten auf dem Leistungsschild vermerkt. Bei Bohrmaschinen und anderen Maschinen, die mit Getrieben ausgerüstet sind, bezieht sich die Drehzahlangabe in der Regel auf die reduzierte Drehzahl, nicht auf die Ankerdrehzahl.

Tabelle 31

für 7500 n, 220 Volt, 50 Hertz, DB-Betrieb

Leistung in Watt	Anker			Totale Leiterzahl im Anker	Draht ∅ im Anker	Magnetspulen		Stromstärke 220 Volt	Luftspalt δ
	Durchmesser in cm	Packlänge in cm	Totale Polfl. in cm²			Wdg. je Spule	Draht ∅		
1	2	3	4	5	6	7	8	9	10
10	2,3	2,3	16,6	7800	0,08	1150	0,16	0,086	0,03
25	2,8	3	26,4	4200	0,12	560	0,23	0,19	0,03
50	3	3,5	33	3800	0,16	380	0,33	0,35	0,03
75	3,5	4	44	3400	0,2	260	0,4	0,5	0,03
100	4	4	50,2	3100	0,23	210	0,5	0,67	0,35
125	4,5	4	56,5	2800	0,25	160	0,55	0,85	0,35
150	4,5	4,5	63,6	2550	0,28	145	0,6	0,97	0,35
175	5	4,5	70,5	2300	0,3	140	0,65	1,12	0,4
200	5	5	78	2100	0,32	130	0,7	1,28	0,4

Tabelle 32

für 10000 n, 220 Volt, 50 Hertz, DB-Betrieb

Leistung in Watt	Anker: Durchmesser in cm	Anker: Packlänge in cm	Anker: Totale Polfl. in cm²	Totale Leiterzahl im Anker	Draht ∅ im Anker	Magnetspulen: Wdg. je Spule	Magnetspulen: Draht ∅	Strom A	Luftspalt δ	η
1	2	3	4	5	6	7	8	9	10	11
10	2,0	2,2	13,2	6500	0,08	1150	0,16	0,085	0,3	0,54
25	2,5	2,8	22	4700	0,12	560	0,23	0,19	0,3	0,61
50	2,8	3,5	30,8	3500	0,16	380	0,33	0,35	0,3	0,66
75	3	3,8	35,8	2800	0,2	260	0,4	0,5	0,3	0,68
100	3,5	4,2	46	2600	0,23	210	0,5	0,66	0,35	0,69
125	4	4	50,2	2400	0,25	160	0,55	0,84	0,35	0,70
150	4	4,8	60,3	2250	0,28	145	0,6	0,96	0,35	0,71
175	4,5	4,5	63,6	2100	0,30	140	0,65	1,1	0,4	0,72
200	4,5	5	70,6	1900	0,32	130	0,7	1,26	0,4	0,72

Tabelle 33

Sonder-Tabelle für besonders gut gekühlte Kleinst-Kollektormotoren oder solche für aussetzenden Betrieb

(Staubsauger, Handbohrmaschinen u. ä.)
Drehzahl: etwa 7500—10000 n

Leistung in Watt	Anker: Totale Polfläche	Anker: Totale Leiterzahl	Anker: Drahtdurchmesser in mm	Magnetspulen: Windungszahl je Spule	Magnetspulen: Drahtdurchmesser in mm
1	2	3	4	5	6
55	22	6700	0,12	670	0,25
75	30	5250	0,14	530	0,30
85	34	4230	0,16	410	0,35
125	46	3040	0,20	295	0,40
150	53	2800	0,21	270	0,42
175	60	2560	0,22	250	0,45

Anmerkung: Nach Beispiel 1 (Seite 79) betragen die Werte gemäß Tabelle 33:

a) Anker: 2800 : 14 Nuten = 200 Drähte/Nute (180)
Drahtdurchmesser = 0,21 mm (0,2).

Tabelle 34 ≂ **Universal-Motoren (Kleinstmotoren)**

1	2	3	4	5	6	7	8	9	10	11	12	13	14	15
Fabrikat	Watt Aufn.	Volt	Typ	Nut	Lam	Schritt	Anker Wdg. pro volle Nut	Anker Draht ∅	Feld Wdg.	Feld Draht ∅	Paket Länge	Aoker ∅	Anker-schaltung	Verwendung
Nilfisk	125	220	M 20	12	24	1—6	224	0,2	285	0,35	38	40	4 · 5 · 6	Staubsauger
Vorwerk	150	220	Kobold S	8	16	1—4	560	0,15			22	37	3 · 2 · 1	Staubsauger
Vorwerk	150	220	Kobold S	8	16	1—4	400	0,15			22	34	3 · 2 · 1	Staubsauger
Vorwerk	90	220	Kobold T	8	16	1—4	540	0,12	615	0,25	18	33	2 · 1 · 0	Staubsauger
Foen	50	220	Gnom	8	16	1—4	940	0,1	880	0,15	16	35	0 · 1 · 2	Haartrockner
Foen	50	220	SON	8	8	1—4	930	0,1			16	35	0 · 1 · 2	Haartrockner
Hoover	230	220	4 HMO	18	54	1—8	216	0,22			25	57	4 · 3 · 2 · 1 · 0	Staubsauger
Velox	90	220		8	16	1—4	545	0,1	620	0,25	16	34	2 · 1 · 0	Staubsauger
El. Star	180	220		12	24	1—6	192	0,25			30	43	1 · 0 · 1	Staubsauger
AMD		220		12	24	1—6	192	0,2			42	43	0 · 1 · 2	Handbohrmasch. 13 mm
Metabo		220		14	42	1—7	168	0,25	265	0,45	50	45	8 · 9 · 10 · 11	Handbohrmasch. 15 mm
Groschopp	80	220	EB 87/25	12	24	1—6	600	0,1			26	43	2 · 3 · 4	Einbaumotor
LEO		220		12	36	1—6	150	0,35			48	50		Luftpumpe
Vorax		220		8	24	1—6	600	0,1			20	34	1 · 0 · 1 · 2	Staubsauger
Micox	150	220	PG 1908	14	28	1—7	180	0,2			34	47	1 · 0 · 1	Handbohrmasch. 10 mm
Micox	165	220		14	28	1—7	136	0,25	154	0,45	43	46	1 · 2 · 3	Handbohrmasch. 13 mm
Albertson	80	220		14	28	1—7	260	0,21	680	0,3	25	40	1 · 0 · 1	Handbohrmasch. 5 mm
AMD	220	220	HM 15 A	12	24	1—6	132	0,3	190	0,5	68	25	3 · 2 · 1	Handbohrmasch. 15 mm
Krauss	125	220	W 52	12	36	1—6	300	0,18	220	0,35	49	46	1 · 0 · 1	Waschtrommel
Aurowa	100	220	1019	8	24	1—4	330	0,18	450	0,32	30	33	4 · 3 · 2	Handbohrmasch. 7 mm
Aurowa	240	220	1018	12	24	1—6	160	0,27	280	0,45	35	43	4 · 3 · 2	Handbohrmasch. 13 mm
Aurowa	260	220	1018 alt	12	24	1—6	190	0,25	285	0,5	35	43	1 · 2 · 3	Handbohrmasch. 13 mm
Aurowa	360	220	1013	12	24	1—6	112	0,32	240	0,5	50	43	4 · 3 · 2	Handbohrmasch. 23 mm
Aurowa	450	220	1013 alt	12	24	1—6	184	0,3	220	0,45	50	43	2 · 3 · 4	Handbohrmasch. 23 mm

Tabelle 35 ≈ Universal-Motoren (Kleinstmotoren)

1	2	3	4	5	6	7	8	9	10	11	12	13	14	15
Fabrikat	Watt Aufn.	Volt	Typ	Nut	Lam	Schritt	Anker		Feld		Paket Länge	Anker ∅	Anker-schaltung	Verwendung
							Wdg.	Draht ∅	Wdg.	Draht ∅				
							pro volle Nut							
SSW	50	220	WS 1	8	16	1—4	620	0,1			26	32	2 · 1 · 0	Wäschezentrifuge
SSW	80	220	WS 2	12	24	1—6	272	0,18			40	40	3 · 1 · 1	Wäschezentrifuge
SSW	130	220	VST 90	8	16	1—4	320	0,15			26	32	3 · 1 · 1	Staubsauger „Rapid“
SSW	150	220	VST 172	12	24	1—6	212	0,2			40	40	3 · 1 · 1	Staubsauger „Junior“
SSW	200	220	VST 182	12	24	1—6	212	0,2	230	0,4	40	40	3 · 1 · 1	Staubsauger „Standard“
SSW	180	220	VST 180	12	24	1—6	208	0,15			42	40	5 · 5 · 5	Staubs. „Alt Standard“
SSW	265	220	VST 144 G	12	24	1—6	192	0,25			41	40	4 · 3 · 2	Staubsauger „Gewerbe“
SSW	70	42	E 604	11	22	1—6	24	0,4	64	0,7	35	36	1 · 0 · 1	Bohrmaschine 4 mm
AEG	165	110	Vampyr	10	20	1—5	140	0,25	175	0,55	30	42	2 · 3 · 4	Staubsauger
Devo	150	220		12	24	1—6	232	0,15	380	0,3	20	35	1 · 0 · 1	Staubsauger
Efi	150	220		12	24	1—6	260	0,15			21	35	1 · 0 · 1	Staubsauger
Bergmann	65	220	UO 30	11	22	1—6	760	0,14			25	53	2 · 1 · 1	Tischfächer
Radex	220	220	SU 300	16	48	1—8	102	0,5			60	60		Supportschleifer
EMHA	150	220	RB 6	12	36	1—6	186	0,25	215	0,5	55	43	1 · 0 · 1	Bohrmaschine 6 mm
EMHA	450	220	TF 23	12	36	1—6	126	0,4	152	0,65	56	50	1 · 0 · 1	Bohrmaschine 23 mm
Efa	240	220		12	24	1—6	180	0,2			28	44	0 · 1 · 2	Staubsauger
Hilke	150	220	SP 13	12	36	1—6	240	0,28	250	0,45	29	45	1 · 0 · 1	Bohrmaschine 13 mm
Elektrolux	180	220	7/220	12	24	1—6	220	0,2	280	0,3	40	40	2 · 3 · 4	Staubsauger
Elektrolux	230	220		12	24	1—6	164	0,25	264	0,4	30	46	2 · 1 · 0	Staubsauger
Elektrolux	130	12		12	24	1—6	12	0,85	16	2,05 AL	30	46	1 · 0 · 1	Anfachgebläse (Gasgener.)
Elektrolux	310	220	Z 25	12	24	1—6	136	0,2	260	0,35	30	46	0 · 1 · 2	Staubsauger
Elektrolux	230	220	S 330	12	24	1—6	140	0,25			30	46	2 · 1 · 0	Staubsauger

Tabelle 36

Vergleichsbeispiele: Ursprungs-Wickel-

4polige Drehstrommotoren, 5—5,5 kW - DB-Leistung verschie-

1	2		3	4	5	6	7	8	9	10
Lfd. Nr.	Leistung		Hersteller Type	Totale Pol-fläche in cm²	Ständer-Eisenmaße in mm			Nutenzahl	Drähte je Nute	
	kW	PS			außen	innen	Länge		vorge-funden	Tab. 4 od. 19
1	5,5		AEG NK 63h-4	424	270	135	100	36	24	33
2	5,5		SSW R 65-S/4	432	265	165,5	83	36	32	33
3	5,5		SSW R 59-n/4	455	235	145	100	36	56	57
4	5,5		Bauknecht V 6/4	470	235	154	97	36	29	33
5	5,5		AEG A 5,5/4	471	230	150,6	100	36	27	31
6	5,5		Katt DN 0,7	490	230	130	120	36	45	50
7	5,5		AEG, Wien ANFW 5,5	495	290	150	105	36	30	29
8	5,5		AEG AM 5,5/4	520	230	138	120	36	40	43
9	5,5		Schorch KAC 45/4	534	215	135,7	125	36	25	25
10	5,5		Conz SO 39/4	551	220	130	135	36	40	40
11	5,5		Kaiser D 62/4	600	235	160	120	36	59	53
12	5,5		SSW DR 57-n/4	614	240	145	130	36	40	40
13	5,5		Pöge DMg 5,5	604	225	148,5	130	36	44	43
14	5,5		AEG AM 7,5/4	620	225	141	140	36	19	22
15	5,5		Sa. Werk AND 46a/4	637	210	143	140	36	42	43
16	5,5		Loher EC 7-4	640	225	150	138	48	19	17
17	5,5		AEG VDN 55/4	661	—	180	117	36	24	25
18	5,5		Bauknecht RS 7,5	662	—	137	154	36	40	42
19	5,0		BBC MAP 44a	673	248	150,8	143	36	27	27
20	5,5		AEG GP 10	904	260	180,7	160	36	22	21
21	5,5		AEG D 1500/7,5	1063	275	165	200	36	21	20
22	5,5		BBC S 4946	1120	—	180	183	36	20	20

Tabelle 36

daten/Tabellenwerte Spalte 9 und 10

dener Hersteller und Baujahre, 380/220 und 380/660 Volt 50 Hz

11	12	13	14	15	16
Draht ∅	Unterschied in % Spalt e9 u. 10	Betriebs-spannung Volt	Baujahr	Bau-art	Bemerkungen
3 · 0,85	34	380/220	nach 1930	o.	Die Zahl 24 erscheint fraglich
3 · 0,95	—	380/220	nach 1930	o.	
2 · 0,9	—	380/660	nach 1930	o. g.	
2 · 1,0	10,1	380/220	nach 1930	o. g.	
2 · 1,2	11	380/220	nach 1930	o.	
2 · 0,95	11	380/660	nach 1930	v. g.	
3 · 0,9	3,5	380/220	nach 1930	v. g.	Alu. Gußmotor
1,35	7,2	380/660	nach 1930	v. g.	
2 · 1,1	—	380/220	nach 1930	o.	
3 · 0,9	—	380/660	nach 1930	spr. g.	
2 · 1,1	7	380/660	1930/32	o.	
2 · 0,75	—	380/660	nach 1930	o. g.	2 Stränge parallel, 80 Einzeldrähte/Nut
2 · 0,9	—	380/660	1930 ?	o.	
2 · 1,5	12	380/220	nach 1930	o. g.	
1,5	—	380/660	1930/35	o.	
2 · 1,2	10	380/220	1934	o. g.	
1,9	—	380/220	1930/32	—	
2 · 0,9	5	380/660	1930/32	—	Mittelwert, Tabellen 4 und 19
1,6	—	380/220	1930	—	Tabelle 4
1,4	4	380	vor 1930	o.	Geringe Kühlung, Tabelle 4
2 · 1,4	4,5	380/220	vor 1930	o.	Tabelle 4, Mittelwert
2,3	—	380/220	vor 1930	?	Tabelle 4, Mittelwert

Tabelle 37

Drehstrom-Ständerwicklungen 2-, 4-, 6-, 8polig, 50 Hz

Vergleichsdaten und Arbeitszeiten **Leistungsindex etwa 100%**

1	2	3	4	5	6	7	8	9	10	11	12	13
Lfd. Nr.	Hersteller	Type	kW DB	Ständer-Eisenmaße		Nutenzahl	Wdg. je Nute	Draht			Aufgewandte Arbeitszeiten in Min.	Anmerkungen
				∅ innen	Länge			∅	Isolation	Gewicht kg		
	2 polig											
1	AEG	AO 8/2	1	80	58	18	110	2 · 0,55	LL	2,27	570′	
2	SSW	OR 29n–2	1,1	70	65	24	72	0,7	LL	1,48	300′	
3	Stephan	FD 312	1,1	90	40	24	135	0,75	LL	3,31	570′	
4	AEG	AMo 55/2	1,1	64	103	24	58	2 · 0,55	LL	1,46	390′	
5	SSW	R 27c–ZE 8	1,1	68	82	24	62	2 · 0,5	LL	1,36	300′	
6	Stephan	D 332 H	1,45	75	100	24	100	2 · 0,65	LL	2,17	570′	
7	Loher	Ac 7–2	1,5	72	95	24	52	0,8	LL	1,64	330′	
8	Bitter	N 147	1,5	80	62	24	115	0,55	LL	2,27	420′	
9	SSW	ER 445–2	1,5	100	65	24	64	0,85	LL	2,66	420′	
10	SSW	OR 1fd–z	1,5	67	110	24	50	2 · 0,6	LL	1,88	390′	
11	Wacker	GMZ/380	1,6	75	115	18	50	0,8	LL	1,44	480′	
12	AEG	56 D	2,2	80	65	24	69	0,85	LL	2,5	450′	
13	Schorch	LK 22/2	2,2	85	65	24	96	0,75	LL	2,19	480′	
14	SW	A 25/2	2,2	90	90	24	58	2 · 0,7	LL	3,15	450′	
15	Conz	UM 18/2	2,2	85	103	24	80	0,75	LL	2,46	510′	
16	SSW	OR 37n–z	2,4	84	95	24	68	0,8	LL	2,31	360′	
17	Bauknecht	D 2,2/2	3	110	90	24	89	0,9	LL	4,23	450′	
18	Himmelwerk	2 Qg 110	3	98	120	24	62	2 · 0,75	LL	4,72	510′	
19	Bergmann	AK 3–2	3	97	100	24	37	2 · 0,85	LL	3,2	360′	
20	Conz	SOM 26/2	2,49	100	75	24	90	0,8	LL	3,08	450′	
21	Himmelwerk	2 Pg 200	3	77	205	24	26	2 · 0,9	LL	3,18	570′	
22	Himmelwerk		3	80	55	24	33	2 · 0,9	LL	3,41	450′	
23	AEG	A 2,2/2u	3,3	90	85	24	44	2 · 0,85	LL	3,3	420′	
24	AEG	AM 2,5/2	3,5	95	110	18	44	2 · 0,85	LL	2,9	420′	
25	Himmelwerk	2 A 65	3,7	129	71	24	75	2 · 0,75	LL	6,07	510′	
26	Himmelwerk	E 2 A 65	3,7	125	75	24	73	2 · 0,75	LL	2,85	510′	
27	AEG	A 4–2	5,8	120	95	30	42	2 · 0,8	LL	6,08	450′	
28	AEG	DA 75/2ko	11	150	135	36	12	2 · 1,4	PP	6,7	600′	
29	Conz	SO 46/2	12,5	140	130	36	24	2 · 1,1	PP	6,8	810′	
30	SSW	LE 108 E	12,5	140	110	24	24	3 · 1,3	PP	10,3	705′	

Tabelle 38

1	2	3	4	5	6	7	8	9	10	11	12	13
Lfd. Nr.	Hersteller	Type	kW DB	Ständer-Eisenmaße ∅ innen	Ständer-Eisenmaße Länge	Nutenzahl	Wdg. je Nute	Draht ∅	Draht Isolation	Draht Gewicht kg	Aufgewandte Arbeitszeiten in Min.	Anmerkungen
	4 polig											
1	SSW	OR 29c-4	1	85	80	36	68	2 · 0,5	LL	1,94	420′	
2	M. F. Spandau	SB 3	1	90	155	24	80	0,75	LL	2,23	360′	
3	SSW	R 38s-4	1	105	85	36	85	0,75	LL	2,69	360′	
4	SSW	R 38s-4	1,0	105	55	36	85	0,75	LL	2,6	390′	
5	Demag	DEO 4/4	1,1	100/79	105	24	90	0,7	LL	2,29	450′	
6	SSW	OR 27d-4	1,1	85	110	36	56	0,8	LL	2,27	450′	
7	Bockwold	CB 32/4 D	1,1	103	80	36	57	0,85	LL	2,56	570′	Lehrl.
8	Demag	DEO 71/4	1,1	120/100	100	24	58	2 · 0,7	LL	3,1	390′	
9	Bauknecht	D 1,1/4	1,1	105	82	24	80	0,8	LL	1,89	300′	
10	Demag	DE 0,7/4	1,5	120/100	105	36	42	2 · 0,75	LL	3,15	390′	
11	Baumüller	D 441	1,5	132	91	36	52	2 · 0,7	LL	3,5	540′	
12	Conz	UM 16/4	1,1	95	65	36	61	0,7	LL	1,65	300′	
13	AEG	A 1,1n/4	1,1	52	45	18	185	0,4	LL	0,82	390′	
14	Schorch	LK 32/4	3	115	85	36	38	2 · 0,8	LL	3,46	540′	
15	SSW	OR 37s-41	1,5	105	80	36	56	0,85	LL	2,5	420′	
16	AEG	AM 2/4n	2	114	80	36	48	0,95	LL	1,72	360′	
17	SSW	OR 39d-4	2,2	105	100	36	48	2 · 0,7	LL	3,3	420′	
18	Edelmann	AD 84	2,2	130	65	36	56	2 · 0,8	LL	5,03	510′	
19	Esslingen	k 50f-4	2,2	124	80	36	46	2 · 0,7	LL	2,9	420′	
20	Stephan	S 24	2,2	120	80	36	44	2 · 0,7	LL	2,8	420′	
21	Schorch	KAD 30/4	2,2	115	90	36	40	2 · 0,7	LL	2,38	510′	
22	SSW	R 38b-4	2,2	103	105	36	47	2 · 0,7	LL	3,75	450′	
23	Obermoser	DUR 29	2,2	118	84	36	50	0,7	LL	3,68	600′	
24	Baumüller	0442	2,2	130	120	36	64	0,9	LL	5,58	450′	
25	Dornhoff	DK 1 D	2,2	125	125	36	40	2 · 0,75	LL	3,57	450′	
26	Stephan	D 524	2,2	120	80	36	88	0,75	LL	3,44	540′	
27	AEG	DB 15/4 k 2	2,2	110	85	36	44	2 · 0,8	LL	3,67	390′	
28	Müller-Novo	RM/81/4	3	120	115	36	40	2 · 0,8	LL	3,75	450′	
29	Elmo	DK 30/4	3	115	85	36	37	2 · 0,8	LL	3,59	720′	Lehrl.
30	Kaiser	SD 43/4	3	130	90	36	50	2 · 0,9	LL	7,08	585′	
31	Kaiser	SD 43/4	3	130	90	36	50	2 · 0,9	LL	5,55	450′	
32	Wagenbach	D 59	3	130	110	24	45,90 56+15	1,1/0,9	PB	5,25	570′	
33	BBC	LPK 114 SU	3,3	90	95	24	73	2 · 0,7	LL	3,9	570′	
34	SSW	R 38s-1	3,3	146	70	36	51	2 · 0,9	LL	3,9	840′	2 Lehrl.

Tabelle 39

1	2	3	4	5	6	7	8	9	10	11	12	13
Lfd. Nr.	Hersteller	Type	kW DB	Ständer-Eisenmaße		Nutenzahl	Wdg. je Nute	Draht			Aufgewandte Arbeitszeiten in Min.	Anmerkungen
				⌀ innen	Länge			⌀	Isolation	Gewicht kg		
35	SW	1663/364	3,5	126	117	36	48	0,95	LL	3,68	570′	Lehrl.
36	SW	1663/364	3,5	125	115	36	48	0,95	LL	3,61	585′	Lehrl.
37	Conz	SO 38–4	4	131	95	36	55	0,95	BB	4,21	420′	
38	SSW	R 81s–1500	4	167	90	48	26	2 · 1,3	BB	12,55	570′	
39	Conz	SO 38/4	4	130	100	36	34	1,3	PP	5	510′	
40	SSW	R 57n+4	4,4	145	97	36	32	2 · 1,0	PP	5,53	450′	
41	Demag	DE 3/4	4,6	163/135	145	36	22	2 · 1,1	PP	5,4	510′	
42	Kreiskott	ET 350/1 SW	5,5	162	105	36	50	2 · 0,85	LL	6,3	660′	
43	AEG	D 50	5,5	170	145	36	27	2 · 1,2	PP	8,2	630′	
44	AEG	AM 5,5/4	5,5	155	100	36	90	0,9	LL	6,05	630′	
45	AEG	AM 5,5	5,5	140	120	36	40	1,3	LL	7,0	660′	
46	SSW	R 58n–4	5	145	100	36	34	3 · 0,95	LL	7,7	390′	
47	SSW	OR 49c–4	5	126	155	36	24	3 · 0,8	LL	4,66	450′	
48	Conz	A 39/4	5,5	130	130	36	24	2 · 1,1	BB	5,68	510′	
49	AEG	NK 62h–4	5,5	135	100	36	27	3 · 0,85	LL	4,87	570′	
50	BBC	D 54	5,5	122	130	36	26	3 · 0,95	LL	6,52	570′	
	6 polig											
1	SW	M 6536	1,5	125	80	36	58	2 · 0,6	LL	2,44	300′	
2	Bauknecht	K 3	1,5	140	100	36	56	0,9	LL	3,03	480′	
3	Kaiser	D 52/6	2	152	85	54	38	2 · 0,75	LL	4,2	450′	
4	Conz	SO 37/6	2,2	140	85	54	41	0,7	LL	3,76	570′	
5	Conz	HO 38/6	2,6	140	95	54	33	2 · 0,8	LL	4,72	570′	
6	AEG	DBM 75/6 Kd	3,3	175	135	36	32	2 · 1,2	PP	8,3	480′	
7	AEG	G 100 N 1000/35	3,5	180	155	36	33	1,5	PP	7,06	630′	
8	Stephan	D 72–6	5	160	100	36	38	3 · 0,95	LL	7,45	570′	
9	AEG	AMK 7/6 R	7	180	105	36	28	2 · 1,2	PP	7,6	930′	
10	Ziehl-Abegg	Z 50	7,5	198	130	54	10	2 · 1,7	PP	10,65	815′	
11	AEG	AK 11/6	9	195	125	36	26	2 · 1,3	ZZ	9,7	705′	
	8 polig											
1	SSW	R 64n–8 E	3	186	100	48	68	1,1	ZZ	8	660′	
2	Südd. E. W.	RF 10 D 688	3	155	155	36	72	2 · 0,7	LL	25,55	600′	
3	SSW	R 136–8	15	260	225	48	12	3 · 1,7	PP	0,8	1110′	
4	AEG		38	332	350	72	6	8 · 1,6	PP	43,43	1740′	

V. Teil

Beitrag für das Wickeldatenarchiv

Tabelle 40 **Staubsauger-Wickeldaten,** Eisenmaße, mm/W. u. m³/St. Luftmenge

1	2	3	4	5	6	7	8	9	10	11	12	13	14	15	16	17	18
					Anker					Feld		Eisenmaße			Leistungsdaten		
Lfd. Nr.	Hersteller	Wattaufnahme	Volt	Type	Nuten	Lamellen	Schritt	Wdg./Nute	Draht ∅	Wdg. je Spule	Draht ∅	Anker ∅	Länge mm	Verlegung der Schaltenden	Unterdruck in mm Wassersäule	Luftförderung in m³/Std.	Bemerkungen
1		200	220	PMS	12	24	1—6	204	0,18	400	0,30	34,7	20	1 · 0 · 1	720	110	
2	„Progress“	200	220	DEVO	12	24	1—6	204	0,18	400	0,30	34,7	20	1 · 0 · 1	720	110	
3	Mauz u.	200	220	DUSTO	12	24	1—6	204	0,18	400	0,30	34,7	20	1 · 0 · 1	720	110	
4	Pfeiffer	200	220	ELVO	12	24	1—6	204	0,18	400	0,30	34,7	20	1 · 0 · 1	720	110	
5	Stuttgart	260	220	P 1–4	12	24	1—6	144	0,25	250	0,5	43,6	35	0 · 1 · 2	720	110	
6		260	220	MPP (P_1)	12	24	1—6	144	0,25	250	0,5	43,6	35	0 · 1 · 2	720	110	P 5:
7		270	220	P 5, 7, 10	12	24	1—6	200	0,22	320	0,38	43	25	0 · 1 · 2	850	100	1200 mm/WS
8		300	220	P 8	12	24	1—6	144	0,25	260	0,5	43,6	35	0 · 1 · 2	950	120	130 m³/Std.
9		200	220	—	12	24	1—6	192	0,25	—	—	34	16	1 · 0 · 1			
10	Electro	200	220	212	12	24	1—6	160	0,25	340	0,35	43	26	0 · 1 · 2	800	etwa 40	
11	Star	200	220	512	12	24	1—6	160	0,25	340	0,35	43,2	25	0 · 1 · 2	800		
12	G.m.b.H.	260	220	558	12	24	1—6	160	0,25	360	0,40	43,2	25	0 · 1 · 2	950		
13	Reichen-	260	220	652	12	24	1—6	160	0,25	360	0,40	43,2	25	0 · 1 · 2	950		
14	bach/Fils	350	220	698	12	24	1—6	128	0,28	155	0,5	43,2	48	0 · 1 · 2	1300		
15		260	220	852	12	24	1—6	160	0,25	360	0,4	43,2	25	0 · 1 · 2	950		
16		350	220	888	12	24	1—6	128	0,28	155	0,5	43,2	48	0 · 1 · 2	1300		

Tabelle 41 **Staubsauger-Wickeldaten**

1	2	3	4	5	6	7	8	9	10	11	12	13	14	15	16	17	18
					Anker					Feld		Eisenmaße			Leistungsdaten		
Lfd. Nr.	Hersteller	Wattaufnahme	Volt	Tpye	Nuten	Lamellen	Schritt	Wdg./Nute	Draht ∅	Wdg. je Spule	Draht ∅	Anker ∅	Länge mm	Verlegung der Schaltenden	Unterdruck in mm Wassersäule	Luftförderung in m³⁵Std.	Bemerkungen
17		90	220	T 34 Kobold	8	16	1—4	540	0,12	615	0,25	33	18	2 · 1 · 0			
18		90	220	34	8	16	1—4	560	0,12	—	—	34	18				
19		90	220	T	8	16	1—4	560	0,12	610	0,25	33	18	1 · 0 · 1			
20	Vorwerk	120	220	S	8	16	1—4	560	0,12	460	0,3	34	23	3 · 2 · 1			L. S.
21	„Kobold“	150	220	S	8	16	1—4	560	0,15			37	22				
22		120	220	S	8	16	1—4	560	0,12	460	0,3	34	22	2 · 1 · 0			L. S.
23		90	220	F	8	16	1—4	540	0,12	615	0,25	33	18	2 · 1 · 0			Originaldaten
24		90	220	T 90	8	16	1—4	540	0,12	610	0,25			1 · 0 · 1			
25		130	220	VSF 90	8	16	1—4	320	0,15			32	26	3 · 2 · 1			„Rapid“
26		150	220	VST 91	8	16	1—4	320	0,14			32	27	3 · 2 · 1			
27		150	220	VST 181	12	24	1—6	240	0,15	275	0,35	40	40	4 · 5 · 6			
28	Siemens-	150	220	VST 170	12	24	1—6	240	0,18			41	40	3 · 2 · 1			
29	Schuckert	160	220	VST 173	8	16	1—4	320	0,14	460	0,3	32	27	3 · 2 · 1			
30	Werke	200	220	VST 182	12	24	1—6	200	0,22	230	0,4	41	40	4 · 3 · 2			„Standard“
31	„Protos“	200	220	VST 184	12	24	1—6	200	0,22	240	0,35	40	40	4 · 3 · 2			
32		200	220	VST 184 a	12	24	1—6	200	0,22			40	40	5 · 4 · 3			
33		200	220	VST 188	12	24	1—6	200	0,22			40	40	6 · 5 · 4			
34		200	220	VSF 172	12	24	1—6	212	0,20			40	40	3 · 2 · 1			„Junior“

Tabelle 42 **Staubsauger-Wickeldaten**

1	2	3	4	5	6	7	8	9	10	11	12	13	14	15	16	17	18
					Anker					Feld		Eisenmaße			Leistungsdaten		
Lfd. Nr.	Hersteller	Wattaufnahme	Volt	Type	Nuten	Lamellen	Schritt	Wdg./Nute	Draht ∅	Wdg. je Spule	Draht ∅	Anker ∅	Länge mm	Verlegung der Schaltenden	Unterdruck in mm Wassersäule	Luftförderung in m³/Std.	Bemerkungen
35		180	220	7/220	12	24	1—6	220	0,2	280	0,3	40	40	2 · 3 · 4			
36		180	220	S 526	12	24	1—6	160	0,23			45	40	1 · 0 · 1			Zylindergeräte
37		225	220	Z 25, A	12	24	1—6	136	0,25			46	30	0 · 1 · 2			
38		220	220	Z 16	12	24	1—6	140	0,25			30	45	1 · 0 · 1			
39		230	220		12	24	1—6	164	0,25	264	0,4	36	30	2 · 1 · 0			
40		230	220	S 330	12	24	1—6	140	0,25			46	30	2 · 1 · 0			
41		230	220	S 1226	12	24	1—6	144	0,24			32	46	3 · 4 · 5			
42	Electrolux	230	220	S 1228	12	24	1—6	144	0,25			30	46	3 · 4 · 5			
43	Stockholm	230	220	S 1027	12	24	1—6	144	0,25	300	0,35	30	46	3 · 4 · 5			
44	Hamburg	230	220	1233 R	12	24	1—6	144	0,25	260	0,4	45	40	1 · 0 · 1			
45		245	220	S 1126	12	24	1—6	140	0,25			30	46	3 · 4 · 5			
46		310	220	Z 25	12	24	1—6	144	0,25	260	0,4	30	46	1 · 0 · 1	850		{ Modell
47		310	220	Z 25	12	24	1—6	136	0,20	260	0,35	46	30	0 · 1 · 2	850		{ 1934/35
48				Z 55											1350		Spezial-
49																	Kugellager
50		230	220	S 927	12	24	1—6	144	0,25			46	32	3 · 4 · 5			Neues Modell
51		230	220	1029	12	24	1—6	176	0,25	270	0,35			2 · 3 · 4			1949

Tabelle 43 **Staubsauger-Wickeldaten**

1	2	3	4	5	6	7	8	9	10	11	12	13	14	15	16	17	18
					Anker					Feld		Eisenmaße			Leistungsdaten		
Lfd. Nr.	Hersteller	Wattaufnahme	Volt	Type	Nuten	Lamellen	Schritt	Wdg./Nute	Draht ∅	Wdg. je Spule	Draht ∅	Anker ∅	Länge mm	Verlegung der Schaltenden	Unterdruck in mm Wassersäule	Luftförderung in m³/Std.	Bemerkungen
52		140	220	Vampyrette	12	24	1—6	208	0,22	280	0,32	38	34				Neues Mod.
53		155	220		12	24	1—6	205	0,2			40	37	2 · 3 · 4			
54		165	110	Vampyr	10	20	1—5	140	0,25	175	0,55	42	36	2 · 3 · 4			[1]
55	AEG	165	220	Vampyr 100	12	24	1—6	200	0,2			40	36	2 · 3 · 4			
56	Berlin,	165	220	Vampyr 200	10	20	1—5	272	0,18			42	30	2 · 3 · 4			
57	Oldenburg	175	220	Vampyr 300	12	24	1—6	205	0,2	280	0,32	38	34				
58																	
59																	
60		150	220	E	11	22	1—6	240	0,18	270	0,32	37	40	3 · 2 · 1			
61		160	220	E	11	22	1—6	248	0,20			37	40	3 · 2 · 1			
62	Miele & Co.,	180	220	E	11	22	1—6	320	0,18	230	0,30	45	21	0 · 1 · 2			
63	Bielefeld,	200	220	E 4	11	22	1—6	180	0,25			42	32	4 · 5 · 6			
64	Gütersloh	200		Mielette											700	45	
65		300		Modell A											900	80	
66		300		Präsident											1200	90	
67		125	220	M 20	12	24	1—6	224	0,22	285	0,35	40	39	4 · 5 · 6			
68	Nilfisk		220	P 30				168	0,45			40	55				
69	Dänemark		220	S 50				142	0,30	270	0,50	42	43				
70																	
71	Hoover,	230	220	4 HMO	18	54	1—8	216	0,22			57	25	4 · 3 · 2 · 1 · 0			
72	USA																

[1]) Ersatzteile für die Vorkriegsmodelle der AEG liefern: 1. O. W. Sitz, Bremen, Himboldstr. 148 2. Max Krüger, Berlin W, Potsdamer Str. 58 3. J. Albern, Berlin-Friedenau, Taunusstr. 31

Tabelle 44 **Staubsauger-Wickeldaten**

1	2	3	4	5	6	7	8	9	10	11	12	13	14	15	16	17	18
					Anker					Feld		Eisenmaße			Leistungsdaten		
Lfd. Nr.	Hersteller	Wattaufnahme	Volt	Type	Nuten	Lamellen	Schritt	Wdg./Nute	Draht ∅	Wdg. je Spule	Draht ∅	Anker ∅	Länge mm	Verlegung der Schaltenden	Unterdruck in mm Wassersäule	Luftförderung in m³/Std.	Bemerkungen
73			220		8	24	1—4	600	0,1			34	20	1·0·1·2			
74	Vorax	150	220		8	24	1—4	530	0,15	560	0,30	33	21	1·0·1			
75		170	220		8	24	1—4	360	0,18	450	0,35	35	32	2·3·4·5r			
76		150	220		12	24	1—6	220	0,14			35	20	1·0·1			
77	Kadett	260	220	PMZ	12	24	1—6	192	0,22			43	26	1·0·1			
78																	
79	Rapid							312	0,16	440	0,30	32	26				
80								320	0,14	450	0,30	32	28				
81	Matador																
82			220		12	24	1—6	184	0,22	210	0,45	40	41				
83		90	220		8	16	1—4	545	0,10	620	0,25	34	16	2·1·0			
84	Velox	110	220		8	16	1—4	600	0,13			33	15	1·0·1			
85																	
86			220		12	24	1—6	192	0,20			43	42	0·1·2			
87	A.M.D.	140	220	HM 13	12	24	1—6	176	0,25			43	50	0·1·2			
88			220		12	24	1—6	136	0,28			43	70	0·1·2			
89																	
90	Volta		220	H 3	12	36	1—6	156	0,25			42	51	3·2·1·0			Salus
91		330	220	Mod. 5	12	24	1—6	180	0,25			40	40	1·2·3			Elite
92	Efa	240	220		12	24	1—6	180	0,20			28	44	0·1·2			
93																	

Tabelle 45 **Wickeldaten für Kleinst-**

Handbohrmaschinen, Kühlschrank, Hand-

1	2	3	4	5	6	7	8	9	10
Preis-listen-Nr.	Her-steller	Type	Watt	Volt	n/min	Nuten	Anker		
							Schritt	Teil-spulen	Wdg je Spule
		Vampyr	165	110		10	1—5		
		UHBK-6L	150	220		13	1—7		
		UA 020 spez.	42	220		13	1—7		
380664		UHS	150	220	250	13	1—7	2	28
380256		UEG	125	220	250/500	11	1—6	2	37
380380		UEB 6	150	220		11	1—6	2	40
380648		UHB 6	150	220	1350	13	1—7	2	28
380354		UEB 10	150	220	700	11	1—6	2	40
380356		UEB 10a	350	220	350	11	1—6	2	36
380008		UEB 10	125	220	700	11	1—6	2	42
380345		UEB 10	125	220	700	13	1—7	2	35
380650		UHB 10	150	220	700	13	1—7	2	28
380659	AEG	UHB 10a	150	220	700	13	1—7	2	28
380170		UEB 12/15	150	220	360	12	1—6	3	26
380670		UHB 13	180	220	500	12	1—6	3	26
380254		UEB 13	150	220	500	12	1—6	3	26
380470		ZUB 15	250	220	250/500	12	1—6	3	22
380010		UEB 15	250	220	500	12	1—6	3	22
380560		UHB 15	250	220		12	1—6	3	22
380038		UEB 15a	250	220	370	12	1—6	3	22
380562		UHB 23	300	220		12	1—6	3	15
380023		UEB 23a	300	220	150	12	1—6	3	15
		GA 030c	150	220	1400	17	1—9	3	38
		GA 025c	330	220	2800	13	1—7	3	28
		UZE 30/2	450	220	4500	14	1—7	4	11
		UA 025	600	220	4500	13	1—7	4	13
		SMUE 2	45	220	4000	13	1—7	2	60
		SMUE 2	45	220	4000	12	1—6	2	64
		Vampyr 100	165	220		12	1—6	2	50
		Vampyr 200	165	220		10	1—5	2	68

motoren der AEG

schrauber, Auto-Luftpumpen, Staubsauger

11	12	13	14	15	16	17	18	19
Anker						Feld		Verwendung
Wdg je Nute	Draht ∅	Paket-länge	Anker ∅	Schaltung	Wickelart	Wdg Spule	Draht ∅	
140	0,25	30	42	2 · 3 · 4		175	0,55	Staubsauger
112	0,25	46	38	2 · 1 · 0		220	0,4	Handbohrmasch.
282	0,25			3 · 2 · 1 · 0				? maschine
112	0,25	55	38	1 · 0 · 1	A			Handschrauber
148	0,25	46	38	1 · 0 · 1	A			
160	0,25	54	38	2 · 1 · 0	A			Handbohrmasch.
112	0,28	53	38	2 · 1 · 0	V 2			Handbohrmasch.
160	0,25	54	38	0 · 1 · 2	A			Handbohrmasch.
144	0,28	55	38	0 · 1 · 2	A			Handbohrmasch.
168	0,25	46	38	0 · 1 · 2	A oder V 2			Handbohrmasch.
140	0,25	45	38	0 · 1 · 2	A			Handbohrmasch.
112	0,28	55	38	0 · 1 · 2	A oder V 2			Handbohrmasch.
112	0,28	55	38	0 · 1 · 2	A oder V 2			Handbohrmasch.
156	0,3	53	42	1 · 0 · 1 · 2	A oder V 2			Handbohrmasch.
156	0,3	52	43	1 · 0 · 1 · 2	A oder V 2			Handbohrmasch.
156	0,3	52	43	1 · 0 · 1 · 2	A			Handbohrmasch.
132	0,38	45	50	1 · 0 · 1 · 2	A oder V 2			Handbohrmasch.
132	0,38	45	50	1 · 0 · 1 · 2	A oder V 2			Handbohrmasch.
132	0,38	45	50	1 · 0 · 1 · 2	A oder V 2			Handbohrmasch.
132	0,38	45	50	1 · 0 · 1 · 2	A oder V 2			Handbohrmasch.
90	0,48	60	50	2 · 1 · 0 · 1	A			Handbohrmasch.
90	0,48	60	50	2 · 1 · 0 · 1	A oder V 2			Handbohrmasch.
228	0,35	60	75	3 · 2 · 1 · 0	A			Kühlschrankmot.
168	0,35	53	64	3 · 2 · 1 · 0	A			Motor
88	0,55	80	66	1 · 0 · 1 · 2 · 3	A			Auto-Luftpumpe
104	0,55	71	64	6 · 7 · 8 · 9 · 10	A			Auto-Luftpumpe
240	0,18	36	40	0 · 1 · 2	V 3			
256	0,18	36	40	1 · 2 · 3	V 3			
200	0,2	36	40	2 · 3 · 4	B			Staubsauger
272	0,18	30	42	2 · 3 · 4	B			Staubsauger

Tabelle 46 **Handbohrmaschinen**

1	2	3	4	5	6	7	8	9	10	11	12	13	14	15	16
						Anker						Magnetfeld		Ankermaße	
Lfd. Nr.	Hersteller	Modell, Type	Wattaufnahme	Volt	Drehzahl in der Min.	Nuten	Lamellen	Leiter je Nute	Draht ∅	Wickelschritt	Verlegung der Schaltenden	Wdg./Spule	Draht ∅	∅	Länge
1	AEG	UHBK–6 L	150	220		13		112	0,25	1—7	2 · 1 · 0	220	0,4	46	38
2		UA 020, Spez.	42	220		13		282	0,25	1—7	3 · 2 · 1 · 0				
3		UEB 6	150	220		11	22	160	0,25	1—6	2 · 1 · 0			54	38
4		UHB 6	150	220	1350	13	26	112	0,28	1—7	2 · 1 · 0			53	38
5		UEB 10	150	220	700	11	22	160	0,25	1—6	0 · 1 · 2			54	38
6		UEB 10a	350	220	350	11	22	144	0,28	1—6	0 · 1 · 2			55	38
7		UEB 10	125	220	700	11	22	168	0,25	1—6	0 · 1 · 2			46	38
8		UEB 10	125	220	700	13	26	140	0,25	1—7	0 · 1 · 2			45	38
9		UHB 10	150	220	700	13	26	112	0,28	1—7	0 · 1 · 2			55	38
10		UHB, 10a	150	220	700	13	26	112	0,28	1—7	0 · 1 · 2			55	38
11		UEB 12/15	150	220	360	12	36	156	0,30	1—6	1 · 0 · 1 · 2			53	42
12		UHB 13	180	220	500	12	36	156	0,30	1—6	1 · 0 · 1 · 2			52	43
13		UEB 13	150	220	500	12	36	156	0,30	1—6	1 · 0 · 1 · 2			52	43
14		ZUB 15	250	220	250/500	12	36	132	0,38	1—6	1 · 0 · 1 · 2			45	50
15		UEB 15	250	220	500	12	36	132	0,38	1—6	1 · 0 · 1 · 2			45	50
16		UHB 15	250	220		12	36	132	0,38	1—6	1 · 0 · 1 · 2			45	50
17		UEB 15a	250	220	370	12	36	132	0,38	1—6	1 · 0 · 1 · 2			45	50
18		UHB 23	300	220		12	36	90	0,48	1—6	2 · 1 · 0 · 1			60	50
19		UEB 23a	300	220	150	12	36	90	0,48	1—6	2 · 1 · 0 · 1			60	50

Tabelle 47

Beitrag für das Wickeldatenarchiv

Kleinst-Kollektormotoren (Bohrmaschinen)

Fabrikat	Type	Watt	Volt	Amp. etwa	Up./Min. n	Anker					Feld		Schaltung
						∅	Länge mm	Nutzahl	Wdg.	Draht ∅	Wdg.	Draht	
Bohrmaschine Fein	Asz 52b	125	220	0,55	680			13	2 · 32	0,28	250	0,4	0, 1, 2
Bohrmaschine Fein	Asz 55	125	220	0,55	340			13	2 · 28	0,28			0, 1, 2
Bohrmaschine Fein	Ds 55		220			40	56	13	3 · 18	0,28			0, 1, 2, 3
Bohrmaschine Fein	ASY 51	100	220	0,5	1600	40	43	13	2 · 32	0,28			
Bohrmaschine Dual	UMA 20	260	220	1,3					3 · 15	0,45			1, 2, 3, 4
Bohrmaschine Dual		125	220	0,55	600	43,5	38	12	3 · 33	0,22			0, 1, 2, 3
Bohrmaschine Valdor			220		250	48	53	14	3 · 14	0,38	180	0,55	1, 2, 3, 4
Bohrmaschine AMD	HM 13	150	220	0,7		43	45	12	2 · 40	0,25	260	0,45	0, 1, 2
Bohrmaschine Metabo						40,5	35	13	2 · 50	0,22			0, 1, 2 Schritt 1:6
Bohrmaschine Arowa		140	220	0,68		43,5	35	12	2 · 43	0,25	280	0,4	0, 1, 2

Tabelle 48 **Beitrag für das Wickeldatenarchiv / Kleinst-Kollektormotoren:**

Fabrikat	Pl.-Nr.	Watt	Volt	n	Type	Nuten	Anker									Verwendung
							Schritt	Teilspulen	Wdg. pro Teilsp.	Wdg. pro Nuten	Draht ∅	Paket-Länge	Anker ∅	Schaltung	Wickelart	
AEG	380256	125	220	250/500	UEG	11	1—6	2	37	148	0,25	46	38	1 · 0 · 1	A	
AEG	380380	150	220		UEB 6	11	1—6	2	40	160	0,25	54	38	2 · 1 · 0	A	Handbohrmasch.
AEG	380648	150	220	1350	UHB 6	13	1—7	2	28	112	0,28	53	38	2 · 1 · 0	V 2	Handbohrmasch.
AEG	380354	150	220	700	UEB 10	11	1—6	2	40	160	0,25	54	38	0 · 1 · 2	A	Handbohrmasch.
AEG	380356	350	220	350	UEB 10a	11	1—6	2	36	144	0,28	55	38	0 · 1 · 2	A	Handbohrmasch.
AEG	380008	125	220	700	UEB 10	11	1—6	2	42	168	0,25	46	38	0 · 1 · 2	A od. V 2	Handbohrmasch.
AEG	380345	125	220	700	UEB 10	13	1—7	2	35	140	0,25	45	38	0 · 1 · 2	A	Handbohrmasch.
AEG	380650	150	220	700	UHB 10	13	1—7	2	28	112	0,28	55	38	0 · 1 · 2	A od. V 2	Handbohrmasch.
AEG	380659	150	220	700	UHB 10a	13	1—7	2	28	112	0,28	55	38	0 · 1 · 2	A od. V 2	Handbohrmasch.
AEG	380170	150	220	360	UEB 12/15	12	1—6	3	26	156	0,3	53	42	1 · 0 · 1 · 2	A od. V 2	Handbohrmasch.
AEG	380670	180	220	500	UHB 13	12	1—6	3	26	156	0,3	52	43	1 · 0 · 1 · 2	A od. V 2	Handbohrmasch.
AEG	380254	150	220	500	UEB 13	12	1—6	3	26	156	0,3	52	43	1 · 0 · 1 · 2	A	Handbohrmasch.
AEG	380470	250	220	250/500	ZUB 15	12	1—6	3	22	132	0,38	45	50	1 · 0 · 1 · 2	A od. V 2	Handbohrmasch.
AEG	380010	250	220	500	UEB 15	12	1—6	3	22	132	0,38	45	50	1 · 0 · 1 · 2	A od. V 2	Handbohrmasch.
AEG	380560	250	220		UHB 15	12	1—6	3	22	132	0,38	45	50	1 · 0 · 1 · 2	A od. V 2	Handbohrmasch.
AEG	380038	250	220	370	UEB 15a	12	1—6	3	22	132	0,38	45	50	1 · 0 · 1 · 2	A od. V 2	Handbohrmasch.
AEG	380562	300	220		UHB 23	12	1—6	3	15	90	0,48	60	50	2 · 1 · 0 · 1	A	Handbohrmasch.
AEG	380023	300	220	150	UEB 23a	12	1—6	3	15	90	0,48	60	50	2 · 1 · 0 · 1	A od. V 2	Handbohrmasch.
AEG		150	220	1400	GA 030c	17	1—9	3	38	228	0,35	60	75	3 · 2 · 1 · 0	A	Kühlschrankmot. (Gleichstrom)

Tabelle 49 **Beitrag für das Wickeldatenarchiv / Kleinst-Kollektormotoren:**

Fabrikat	Pl.-Nr.	Watt	Volt	n	Type	Nuten	Anker									Verwendung
							Schritt	Teilspulen	Wdg. pro Teilsp.	Wdg. pro Nute	Draht ∅	Paket-Länge	Anker ∅	Schaltung	Wickelart	
AEG		330	220	2800	GA 025 c	13	1—7	3	28	168	0,35	53	64	3·2·1·0	A	Motor
AEG		450	220	4500	UZE 30/2	14	1—7	4	11	88	0,55	80	66	1·0·1·2·3	A	Auto-Luftpumpe
AEG		600	220	4500	UA 025	13	1—7	4	13	104	0,55	71	64	6·7·8·9·10	A	Auto-Luftpumpe
AEG		45	220	4000	SMUE 2	13	1—7	2	60	240	0,18	36	40	0·1·2	V 3	
AEG		45	220	4000	SMUE 2	12	1—6	2	64	256	0,18	36	40	1·2·3	V 3	
AEG		165	220		Vampyr 100	12	1—6	2	50	200	0,2	36	40	2·3·4	B	Staubsauger
AEG		165	220		Vampyr 200	10	1—5	2	68	272	0,18	30	36	2·3·4	B	Staubsauger
AEG		175	220		Vampyr 300	12	1—6	2	55	220	0,2	25	40	2·3·4	B	Staubsauger
AEG		230	220		Hobby	12	1—6	3	32	192	0,25	59	44	2·3·4·5	B	Bohnerapparat
AEG			220			8	1—4	1	330	660	0,1	10	32	0·1	A	Haartrockner
AEG		550	220			8	1—4	1	400	800	0,1	10	36	1·2	B	Haartrockner
AEG			220		NWVW 3	12	1—6	2	110	440	0,15	40	44	2·3·4	V 3	Wandring-Ventil.
AMD		140	220	500	HM 13	12	1—6	2	44	176	0,25	50	43	0·1·2	A	Handbohrmasch.
AMD			220	400	HM 15	12	1—6	2	34	136	0,28	70	43	0·1·2	A	Handbohrmasch.
Fein			220		ASZ 52b	13	1—7	2	32	128	0,28	40	40	1·0·1	V 2	Handbohrmasch.
Fein		150	220	390	ASZ 55	13	1—7	3	19	114	0,28	56	40	1·0·1·2	V 2	Handbohrmasch.
Siemens		200	220		Vst 184	12	1—6	2	50	200	0,22	40	40	4·3·2	A	Staubsauger
Lux		310	210–225		Z 25 A	12	1—6	2	34	136	0,25	30	46	0·1·2	A	Staubsauger
Kobold		90	220		34	8	1—4	2	140	560	0,12	18	34	2·1·0	B	Staubsauger
AEG	380 64	150	220	250	UHS	13	1—7	2	28	112	0,25	55	38	1·0·1	A	Handschrauber

Tabelle 50 **Klein-**

1	2	3	4	5	6	7	8	9	10	11	12
Fabrikat	Drehstrom							Wechselstrom mit			
	Typ	Volt	Amp.	kW	Nut.	Wdg.	∅	Typ	Volt	Amp.	kW
AEG	E										
	DA 025/2	380⅄		0,33	24	94	0,55	EAL/0252	220	2,4	0,25
								EA 030/4	220	2,7	0,22
	AND 6/2	380⅄	1,04	0,45	18	138	0,65	ANE 6/2	220	2,05	0,22
Cordes											
	DK 31	380⅄	0,4	0,3	36	150	0,55				
EMBA	DKV 1500	380⅄		0,185	36	113	0,45	EKV 1500	220		0,185
	DKV 1500	380⅄		0,24	36	101	0,45	EKV 1500	220		0,24
	DKV 1500	380⅄		0,55	36	69	0,6	EKV 1500	220		0,37
	DKV 1500	380⅄		1,1	36	60	0,8	EKV 1500	220		0,55
Helin								VWK 1	220	1,6	0,24
Miele								Mna 1	220	1,95	0,185
	M 87,4	380⅄	1	0,32	36	99	0,5	ME 87	220	2	0,26
	M 67/s	380⅄	0,75	0,25	24	100	0,4	ME 67/2	220	1,8	0,22
Stephan	ZD 112	380⅄	0,52	0,2	24	160	0,3	FHE 112	220	1,7	0,18
	D 134	380⅄	0,8	0,33	36	84	0,5	WAE 134	220	2,1	0,2
Schorch	KAGOL	380⅄	0,97	0,25	36	90	0,5	EKALG 11	220	1,9	0,125

Alle drei Motorentypen: Drehstrom — Wechselstrom —

motoren

13	14	15	16	17	18	19	20	21	22	23	24	25	26	27
Anlaufwicklung				Anwurfmotoren 220 Volt										
Arbeitsph.		Hilfsph.												
Wdg. total	Ø	Wdg. total	Ø	Typ	Amp.	kW	Nut.	Wdg.	Ø	n	Pak. länge	Bohr	Nut.Gr. maß	Ø auß.
				EAL 026/4	2,2	0,18	24	122	0,8	1400	95	65	95	110
				EAL 026/4	2,1	0,18	24	56	0,75	1400				
1120	0,7	408	0,3	EAL 025/2	2,4	0,25	24	85	0,7	2800	58	58		
1352	0,7	592	0,4							1400	90	75	105	125
600	0,7	462	0,35							2800	62	67		130
				WK 46	2	0,22	16	93	0,8	1400	55	93	130	160
				WK 36	2,2	0,3	16	58	0,9	1400	51	110	145	180
				WKR 32	2,4	0,37	16	60	1,0	1400	72	93	152	180
1830	0,65	480	0,4	AEKV 1500	2	0,185	16	59	0,65	1400	50	89	124	146
1510	0,7	960	0,4	AEKV 1500		0,24	36	54	0,7	1400	55	89	124	146
1030	0,9	760	0,5	AEKV 1500		0,37	36	37	0,9	1400	85	89	124	146
840	1,1	760	0,5	AEKV 1500		0,55	36	30	1,1	1400	100	89	124	146
1120	0,7	2240	0,35							2800	75	56	86	120
1620	0,70	1008	0,5	Man 185	2,4	0,185	24	82	0,8	1400	63	85	115	140
1290	0,7	1001	0,5	Ma 87	2,6	0,22	36/28	50	0,75	1400	70	85	112	140
880	0,6	584	0,45							2800	70	52	84	117
1280	0,5	1696	0,25							2800	42	60	82	120
1150	0,65	624	0,5							1400	92	68	98	120
1250	0,7	1452	0,45							1450	66	90	115	140

Anwurfmotoren haben gleiche Paketabmessungen

Tabelle 51

SSW-Drehstrommotoren

1	2	3	4	5	6	7	8	9
Lfd. Nr.	2polige Type	Leistung		Volt	Amp.	Drehzahl bei 50 Hz n/min	Eisenmaße	
		kW	PS				Ständer	Läufer
1	OR 6,7–2	0,75		380/220	0,57/0,33	2820	—	
2	OR 9,7–2	0,3		380 ⅄	0,8	2820	110/52/45	
3	OR 9,7–2	0,3		500 ⅄	0,6	2775	110/80/45	
4	OR 17–2	0,5		380/220	1,3	2800	125/59/52	
5	OR 27c–2 E 8	1,1		380/220	—	—	—/68/82	
6	OR 27u–2	0,95		380/220	3,9/2,3	2800		
7	OR 27e–2	1,3		380/220	5,3/3	2800		
8	OR 27d–2	1,6		500 ⅄	2,8	2800		
9	OR 27s–2	0,7		380/220	3/1,7	2800		
10	OR 27s–2	0,7		380 ⅄	1,7	2800	145/70	
11	OR 27k–2	0,95		380/220	—	2800	145/70/65	
12	OR 29n–2	1,1		380/220	—	2800	—/70	
13	OR 37n–2	2,4		380/220	—	—	—/84	
14	OR 37s–2	2		380/220	—	2810		
15	OR 37s–2	2		380/220	7,5/4,4	2810		
16	OR ge 37s–2	2		500 ⅄	3,3	2810		
17	OR 37u–2	2,4		500 ⅄	3,9	2820		
18	OR 37b–2	3		500 ⅄	4,8	2830		
19	OR 37/2	3,2		380 △	6,7	2860		
20	OR 37s+41	1,5		380 ⅄	3,6	1400	170/105/85	
21	OR g 44n–2	1,8		—	—	2870		

In Spalte 12 bedeuten: // = 2 Drähte parallel bzw. 3 // = 3 Drähte parallel.

In Spalte 18 bedeuten: 2 Gr. // = 2 Gruppen parallel.

Kl B = Klasse B. 48 Nu = 48 Läufernuten.

Type OR — 2, 2polig, 50 Hz

10	11	12	13	14	15	16	17	18
Nutenzahl		Wickeldaten Ständer			Wickeldaten Läufer			Bemerkungen
Ständer	Läufer	Leiter je Nute	Draht Ø	Schaltung	Leiter je Nute	Draht Ø	Schaltung	
18		2 · 156	0,25 L	— —				
18		195	0,4 L	— —				
18		2 · 128	0,35 L	— —				
18		168	0,5 L	— —				
24		82	2 · 0,5 LL	— —				
24		2 · 40	0,65 L	— —				
24		2 · 31	0,5 L	— —				
24		2 · 33	0,5 L	— —				
24		96	0,6 L	— —				
24		96	0,6 L	— —				
24		80	0,65 L	— —				
24		72	0,7 LL	— —				
24		68	0,8 LL	— —				
24		47	0,7 BB	— —				
24		2 · 27 //	0,65 L	— —				
24		2 · 34	0,8 L	— —				
24		2 · 30	0,85 BB	— —				
24		2 · 26	0,95 BB	— —				
24		2 · 25	0,95 LS	— —				
36		58	0,85 L	— —				
24		2 · 39	0,9 isol. 1,05	— —				

Tabelle 52

SSW-Drehstrommotoren

Lfd. Nr.	2polig Type	Leistung		Volt	Amp.	Drehzahl bei 50 Hz n/min.	Eisenmaße	
		kW	PS				Ständer	Läufer
1	2	3	4	5	6	7	8	9
22	OR 46n+41	4		380 △	8,9	1400	200/125/155	
23	OR ge 47n−2	5,5		500 △	8,7	2900		
24	OR 47+41	4,4		380 △	9,6	1400	200/125/155	
25	OR 54s−2 (Ventil.-Mot.)	2,3		380/220	8,5/4,9	2880		
26	OR 57n−2	6,5		380/660	13,5	2800	240/120/135	
27	OR 57n−2	6,5		500 ⅄	10	2900	240/120/135	
28	OR 64b−2	5,2		380/220	18,5/10,7	2720		
29	OR 67b−2	13		380 ⅄	16	2940		
30	OR 67n−2	8,5		380 ⅄	17,3	2920		
31	OR 67n−2	8,5		380 △	17,3	2920		
32	a OR 76−2D	7,5		500 ⅄	11,7	2900		
33	OR 76−2	6		500 ⅄	9,5	2910		
34	a OR 76/18−2	9,5		500 ⅄	15,2	2900		
35	OR 81n−3000	5,5		500 ⅄	8,8	2900		
36	OR 136−2	19		380 △	38	2940		
37	OR 671−2	9,5		500 ⅄	14,7	2935		
38	OR 671−2D	12,5		500 ⅄	20,5	2920		
39	OR 771−2	—		380 ⅄	—	—		
40	DOR 1172−2	22		500 ⅄	33	2950		
41	OR 1271−2	28		380 ⅄	54	2955		

In Spalte 12 bedeuten: // = 2 Drähte parallel bzw. 3 // = 3 Drähte parallel.

In Spalte 18 bedeuten: 2 Gr. // = 2 Gruppen parallel.

Kl B = Klasse B. 48 Nu = 48 Läufernuten.

Type OR — 2, 2polig 50 Hz

Nutenzahl		Wickeldaten Ständer			Wickeldaten Läufer			Bemerkungen
Ständer	Läufer	Leiter je Nute	Draht ∅	Schaltung	Leiter je Nute	Draht ∅	Schaltung	
10	11	12	13	14	15	16	17	18
36		86	0,75 AL	——				4polig
24		2 · 25	1,05 BB	——				
36		44	0,75 AL	——				4polig
24		2 · 24//	0,95 PB	——				
24		36	1,4	——				
24		2 · 31	1,2 PB	——				
24		2 · 29//	0,9 PZ	—— 2//				2 Gr. //
24		2 · 14//	1,35	—— 2//				2 Gr. //
24		2 · 21	1,1 PZ	—— 2//				2 Gr. //
24		2 · 18	2 · 1,2 BB	——				
24		2 · 17//	1,5 Du	——				Kl. B
24		2 · 18//	1,15 BB	——	6	2,5	——	48 Nu
24		2 · 14,3//	1,35 Du	——				Kl. B
24		31//	1,35	——	9	2,3	——	36 Nu
36		2 · 17//	1,7 BB	—— 2//				
24		3 · 13	1,2 BB	——				
24		2 · 12,3//	1,25 Du	——				
24		3 · 17	1,15 PZ	——				
24		2 · 8,5//	1,5 BB	——				
24		2 · 9,6//	1,4 BB	—— 2//				

Tabelle 53 **Beitrag für das**

SSW-Drehstrommotoren

Dreiphasen-

1	2	3	4	5	6	7	8	9
Lfd. Nr.	4polige Type	Leistung		Volt	Amp.	Drehzahl bei 50 Hz n/min	Eisenmaße	
		kW	PS				Ständer	Läufer
1	OR 27s–4	0,37		220/380	17/1	1430	—	—
2	OR 27s–4	0,37		380 ⅄	1,0	1430	145/85/52	—
3	OR 27n–4	0,55		220/380	2,7/1,5	1400	—	—
4	OR 27e–4	0,8		380	2,1	1420	—	—
5	OR ge 27d–4	1,1		500 ⅄	2,15	1400	—	—
6	OR ge 27d–4	1,1		500 ⅄	2,2	1400	—	—
7	OR 27d–4	1,1		380 ⅄	2,8	1400	—	—
8	OR 34s–4	0,5		380 ⅄	1,3	1420	—	—
9	OR 37s–41	1,5		380	3,6	1400	170/105/85	—
10	OR 37n–4	1,85		220/380	7,5/4,4	1400	—	—
11	OR 37s–4	1,5		220/380	6,2/3,6	1400	—	—
12	OR 37n–4	1,85		500 △	3	1400	—	—
13	OR 46n–41	4		380 △	9,6	1400	200/125/155	—
14	OR 47s–4	3		500 △	5	1410	—	—
15	OR 47s–4	3		380 △	6,6	1410	—	—
16	OR 47–41	4,4		380 △	9,6	1420	200/125/155	—
17	OR ge 54s–4	1,1		500	1,9	1420	—	—
18	OR 57n–4	5,5		500 △	9	1425	—	—
19	OR 61–1500	2,2		380 △	5,1	1440	—	—
20	OR 66n–4	7,5		220/380	26,4/15,9	1440	—/165/155	—
21	OR 67n–4	7,5		220/380	27/16	1440	—	—
22	OR 67n–4	7,5		500 △	12	1440	—	—
23	DOR 67n–40	7,5		500	12	1440	—	—
24	OR g 67n–4	5,5		380 ⅄	11,5	1430	—	—
25	OR 67b–4	11		380 ⅄	22,1	1440	—	—
26	OR 71–1500	3		380 ⅄	6,7	1430	—	—
27	OR 81b/1500	8,5		220/380	28/16,2	1450	—	—
28	OR 91b/1500	8,5		220/380	28/16,5	1450	—	—
29	OR 116–4	11		220/380	39/22,5	1450	—	—
30	OR 126–4	14		220/380	49/28,5	1450	—	—
31	OR 136–4	19		500 △	29	1455	—	—

Wickeldatenarchiv

Type OR — 4, 4polig 50 Hz

Zweischichten-Wicklung

10	11	12	13	14	15	16	17	18
Nutenzahl		Wickeldaten Ständer			Wickeldaten Läufer			Bemerkungen
Ständer	Läufer	Leiter je Nute	Draht ∅	Schaltung	Leiter je Nute	Draht ∅	Schaltg.	
36	—	108	0,45 L	△/⅄	—	—	—	
36	—	116	0,5	—	—	—	—	
24	—	144	0,65 L	(— —)	—	—	—	
36	—	72	0,7	—	—	—	—	
24	—	112	0,55 L	—	—	—	—	CU = 2 kg
36	—	74	0,6	—	—	—	—	Cu = 1,5 kg
36	—	56	2 · 0,52 L	—	—	—	—	2 Drähte //
36	—	104	0,55 L	—	—	—	—	
36	—	58	0,85 L	—	—	—	—	
36	—	50	0,65 L	—	—	—	—	2 Drähte //, Cu = 3 kg
36	—	56	0,85 L	—	—	—	—	CU = 2 kg
36	—	112	0,6 L	—	—	—	—	Cu = 2 kg, △ Schaltg. 500 V
36	—	86	0,75	—	—	—	—	2 Drähte //, Alu
36	—	76	0,8 L	—	—	—	—	CU = 3,5 kg
36	—	58	0,9 L	—	—	—	—	CU = 3,5 kg
36	—	44	1,1 L	—	—	—	—	
36	—	144	0,55 L	—	—	—	—	
36	—	56	0,75	—	—	—	—	2 Drähte II, Cu = 4,9 kg
36	—	34	1,1 Pz	—	—	—	—	
36	—	3 · 21	1,0	—	—	—	—	2 Stränge //
36	—	44	1,1	—	—	—	—	2 Drähte //, 2 Stränge II
36	—	50	1	—	—	—	—	2 Drähte //
36	—	30	0,95 D	—	—	—	—	3 Drähte //, Cu = 7,8 kg
36	—	50	0,9	—	—	—	—	2 Stränge //
36	—	30	1,3 D	—	—	—	—	2 Stränge //
48	—	32	1,5	—	—	—	—	—
48	—	32	1,2 PB	—	—	—	—	2 Drähte //, 2 Stränge //
48	—	54	1,3	—	—	—	—	2 Drähte //, 2 Stränge //
48	—	24	1,4 BB	—	7	2,7	△	2 Drähte //, 2 Stränge //
48	—	42	1,6 BB	—	—	—	—	Cu = 16,6 kg, Drähte //
48	—	38	1,25 BB	—	—	—	—	2 Drähte //, Cu = 20 kg

Tabelle 54

1	2	3	4	5	6	7	8	9
Lfd. Nr.	4polige Type	Leistung		Volt	Amp.	Drehzahl bei 50 Hz n/min	Eisenmaße	
		kW	PS				Ständer	Läufer
32	OR 136–4	19		220/380	65/37	1460	—	—
33	OR 156–4 B	25		500 ⅄	37,2	1475	—	—
34	OR 671–4 B	8		—	—	1425	—	—
35	dUOR 683–4 D, B 3	—	—	500	—	1440	250/150/290	—
36	OR 771–4 B 3	—	—	380 △	23,6	1440	270/165,2/175	—
37	OR 771–4	11,5		—	—	1455	—	—
38	OR 771–4	8,5		500 ⅄	13,7	1450	—	—
39	UDOR 773 4 B^3	20		220 △	75	1450	—	—
40	UDOR 774 14	30		—	—	1460	—	—
41	OR 971–4 B^3	11		380 ⅄	29	1450	—	—
42	OR 1171–4 B^3	25		220/380	90/52	1445	—	—
43	OR 1171–4 B^3	21		220/380	73,5/92,5	1455	—	—
44	OR 1171–4 B^3	21		500 ⅄	73,5/42,5	1455	—	—
45	OR 1171–4 D B^3	18		220/380	65/36,5	1435	—	—
46	DOR 1171–4 D	19		500 ⅄	29,4	1455	—	—
47	DOR 1172 –4	26		500 ⅄	40,5	1460	—	—
48	DOR 1172–4 B^3	22		500 △	33,5	1460	—	—
49	DOR 1172–4	22		220/380	76/44	1460	—	—
50	DOR 1172–4	22		500 ⅄	33,5	1460	—	—
51	OR 1271–4 D B^3	34		220/380	121,70	1455	—	—
52	aOR 1360–4	30		—	—	—	—	—
53	OR 1371–4 B^3	28		500 △	43,5	1470	—	—
54	DOR 1371–4	30		500 ⅄	45	1464	—	—
55	OR 1371–4	30		500 ⅄	45	1465	—	—
56	OR 1371–4 H	46		380 ⅄	92	1465	360/225/320	—
57	DOR 1371–4 B	38		500 ⅄	58	1465	—	—
58	OR 1562–4 B^3	35		500	52	1475	—	—
59	OR 1562/4	29		220/380	102/59	1450	410/260/320	—
60	DOR 1571/4 B^3	55		500 ⅄	80	1475	410/250/450	—
61	OR 1661–4	45		380 △	87	1475	450/290/320	—
62	OR 1861–4	72		380 ⅄	137	1475	500/300/320	—
63	OR 1862–4 B^3	72		220/380	235/136	1480	—	—
64	R 1871–4	120		380 △	224	1465	500/300/260	—
65	R 1871–4 B	165		380 △	312	1460	500/300/260	—
66	OR 2061–4 D B^3	90		500 △	130	1480	—	—

10	11	12	13	14	15	16	17	18
Nutenzahl		Wickeldaten Ständer			Wickeldaten Läufer			Bemerkungen
Ständer	Läufer	Leiter je Nute	Draht Ø	Schaltung	Leiter je Nute	Draht Ø	Schaltg.	
48	—	18	1,45 BB	—	—	—	—	3 Drähte //, Cu = 21 kg
48	—	36/38	—	—	—	—	—	2 Drähte //, 4 Sp. //, Cu = 30 kg
36	—	26	1,35	—	—	—	—	2 Drähte //, Cu = 7,7 kg (Kl. B)
36	—	7/8	1,3	—	—	—	—	4 Drähte //, gesch. Schlagw.
36	—	64	1,3	—	—	—	—	2 Drähte //, Käfigl.
36	—	24	1,5 BB	—	—	—	—	3 Drähte //, Cu = 12 kg
36	—	22	1,3 PB	—	7	2,6	—	3 Drähte //
36	—	8	1,4 Gl.Gl.	—	—	—	—	5 Dr. //, Cu = 13 kg, Schn. 1–37
36	—	8	7,5 · 1,25	—	—	—	—	Stabwicklung, Schnitt 1–38
36	—	26/24/26	1,25 Pz	—	—	—	—	3 Drähte //
48	—	28/30	1,25	—	—	—	—	2 Drähte //, Kl. B, Cu = 14 kg
48	—	8	1,8 BB	—	—	—	—	4 Drähte //, Cu = 16,1 kg
48	—	10/12	1,8 Pz	(— —)	—	—	—	
48	—	20	1,55	—	—	—	—	2 Stränge //, Kl. B.
48	—	24	1,35 As	—	—	—	—	2 Drähte //, Cu = 13 kg, Kl. B
48	—	24/27	1,35 As	—	—	—	—	3 Drähte //, Cu = 15,9 kg
48	—	14/16	1,45 BB	—	—	—	—	3 Drähte //, Cu = 16,2 kg, Kl. A
48	—	12/14	1,55 BB	—	—	—	—	3 Drähte //, 2 Stränge //
48	—	18	1,35 BB	—	—	—	—	3 Drähte //, 2 Str. //, Cu = 16,8
48	—	22	1,55	—	—	—	—	2 Drähte //, Kl. B, 4 Spulen //
48	—	8	11,8 · 1 Gl.Gl.	—	—	—	—	Stabwicklung
48	—	24	1,7 BB	(— —)	—	—	—	4 Drähte //, Cu = 30 kg
48	—	16	1,45 BB	—	—	—	—	2 Drähte //, 2 Stränge //
48	—	16	1,45 BB	—	—	—	—	4 Drähte //
48	—	27/30	1,5 D	—	—	—	—	3 Dr. //, 4 Sp. //, Cu = 27 kg, Kl. B
48	—	28/32	1,45	—	—	—	—	4 Drähte //, 2 Stränge //
48	—	16	1,65 BB	—	—	—	—	4 Drähte //, Cu = 37,5 kg
48	—	12	1,65 BB	—	—	—	—	5 Drähte //, Cu = 35 kg
48	—	30/33	1,5 LBB	—	—	—	—	3 Drähte //, 4 Spulen //
48	—	24/27	1,9 BB	—	—	—	—	3 Drähte //, 2 Stränge //
48	—	24/30	2,0	—	—	—	—	6 Dr. //, 2 Str. //, Cu = 50 kg
48	—	28/32	1,9 PP	—	—	—	—	4 Drähte //, 4 Sp. //, Cu = 75 kg
48	—	35	1,75 BB	—	—	—	—	5 Drähte //, Cu = 48 kg
48	—	24/28	2,0 Gl.Gl.	—	—	—	—	4 Drähte //, 2 Stränge //, Cu = 46,5 kg, Kl. B
48	—	12	3,2 · 4,6 As	(— —)	—	—	—	3 Drähte //, Cu = 135 kg Cu (= Kupfer)

Drehstrommotoren, 2, 4 und 6 polig

1	2	3	4	5	6	7	8	9	10	11
Fabrikat	Type	Spannung	Strom	PS	Paketlänge mm	innerer Durchm. mm	Drehzahl Wickelart	Windungen P./Nute	Anzahl der Nuten	Draht ∅
AEG	DB 5/4 Kz	220/380	3,7/2,12	1	65	90	1500-EzU	108	24	0,7
AEG	DB 30/6 Kz	380/660	5,3	3	95	138	1000-EzU	84	36	0,85
AEG	A 4/4a	380/660	8,6	5	95	138	1500-EzU	54	36	1,05 Al
AEG	A 2,2/4a	380/660	4,4	3	80	110	1500-EzU	80	36	0,85 Al
AEG	DB 8/4	220/380	4,4/2,6	1,5	75	100	1500-ZG	64	36	0,75
AEG	A 1,5/4z	220/380	5,9/3,4	2	70	110	1500-EzU	58	36	0,95
AEG	VDN 22/4	220 St.	8,15	3	90	150	1500-EzU	22	36	2×1,2
AEG	A 5,5/4a	380/660	11,4	7	105	152	1500-EzU	45	36	2×0,95 Al
AEG	AVDD 22/4	380/660	6,9	4,5	105	150	1500-EzU	48	36	1,0
AEG	DB 80/4	380/660	18,4	12	150	195	1500-EzU	27	36	2×1,35
AEG	DBH 75/4 Kd	500 Dr.	8,1	7	132	165	1500-EzU	45	36	1,4
AEG	A 22/4a	220/380	77/44	30	160	230	1500-EzU	8	54	3×1,9 Al
AEG	A 0,8/4	220/380	3,6/2,5	1,1	60	90	1500-EzU	115	24	0,75
AEG	A 4/4	380/660	8,5	5,5	95	138	1500-EzU	54	36	1,0
AEG	A 2,2/4	220/380	8,5/4,9	3	80	110	1500-EzU	46	36	2×0,8
AEG	A 2,2/2a	220/380	11,2/6,5	4	85	92	3000-EzU	44	24	1,2
AEG	A 2,2/6	380/660	3,2	1,7	85	112	1000-EzU	118	36	0,7
AEG	DB 30/4 Kzs	380/660	8,5	5,5	100	140	1500-EzU	54	36	1,1
Conz	SOA 39/4	220/380	20/11,6	7,5	135	130	1500-EzU	24	36	2×1,2
Conz	SO 39/4	380/660	11,6	7,5	135	130	1500-EzU	42	36	1,3
Conz	SOV 46/4	220/380	32/18,5	12	130	160	1500-EzU	21	36	2×1,4
Conz	SO 39/6	380/660	7,1	4,5	135	130	1000-ZG	42	54	1,1
Conz	SO 46/2	220/380	31/18	12	95	130	3000-EzU	14	36	3×1,1
Conz	SO 18/4	380/660	2,5	1,5	90	95	1500-ZG	98	36	0,6
Conz	SO 18/2	220/380	5,9/3,4	2,2	85	85	3000-EzU	46	24	0,9
Conz	SO 28/4	380/660	4,8	3	95	120	1500-EzU	68	36	0,75
Conz	SO 16/4	220/380	3,3/1,9	1,1	60	95	1500-EzU	78	36	0,65
Conz	SO 8/2	220/380	3,1/1,8	1,1	80	75	3000-ZG	68	24	2×0,5
Conz	LOS 46/6	220/380	16,5/9,5	5,5	135	175	1000-ZG	24	54	2×1,0

Drehstrommotoren, AEG

kw	n =	Volt	Amp.	Nuten	Typ	Wdg.	∅	Paket-Länge	Bohrung	Außen ∅	
					AEG						
1,85	2835	380 ⅄	4	18	A 1,1/2	68	0,95	77	80		
2	2800	380 △	4	18	A 1,1/2	120	0,8	80	80		
2,2	1410	380 △	5	36	DB 15/4	86	0,8	85	110		
2,2	1410	380 △	5,2	24	N 5/37	87	0,85	125	110		Als Thom
2,2	2850	380 △	4,85	18	AM 1,5/2	92	0,85				
2,2	2850	380 ⅄	6,5	24	A 2,2/2a	44	1,2	85	92		
2,2	1450	380 ⅄	4,9	36	A 2,2/4	46	1,1	80	110		Kupfer
2,2	1450	380 ⅄	4,4	36	A 2,2/4a	46	1,05	80	110		Aluminium
0,47	2800	380 ⅄	1,04	18	ANDE 6/2	140	0,55	65	70		
0,6	700	380 ⅄	1,88	36	DB 1,5/8	100	0,65				
0,65	1485	380 ⅄	1,59	36	AVDN 8/4	68	0,8				
0,65	935	380 △	1,8	36	DBH 11/6	220	0,5	80	106		
0,7	1410	500 ⅄	1,5	24	DB 5/4	110	0,6	65	90		
0,72	1420	380 ⅄	1,85	24	DA 035/4	100	0,75	91	84	143	
0,74	1400	380 ⅄	2	?4	DBB/4	110	0,7				
0,74	1415	380 ⅄	1,75	36	AVDN 5/4	70	0,7	72	100		
0,74	1400	380 ⅄	1,9	24	A 0,8/4	110	0,7	55	90		
0,74	1400	380 ⅄	2,12	24	DB 5/4 KZ	108	0,7	65	90		
0,75	2800	380 ⅄	1,85	24	DA 030/2	88	0,65	75	65	125	
0,8	1380	380 ⅄	2,12	24	DB 5/4	106	0,7	65	90	155	
0,8	1400	380 ⅄	2,5	24	A 0,8/4	115	0,75	60	90		
0,8	1400	380 ⅄	2,05	24	DA 5/4	108	0,6				
0,8	1400	380 ⅄	2,12	24	AM 0,8/4	94	0,75	75	90		
0,8	930	380 ⅄	2,2	36	DB11/6KZ	84	0,7				
0,88	1400	380 ⅄	2,7	24	DA 035/4	85	0,85	115	83	143	
0,95	920	380 ⅄	2,6	36	A 15/6	86	0,75	75	105		
1	940	380 ⅄	2,7	36	DB 15/6	76	0,8	85	110		
1,1	2840	380 ⅄	2,5	24	AM 055/2	120	0,55				
1,1	935	380 ⅄	2,5	36	D 20/6	106	0,8	13	515	0	
1,25	930	380 △	3,2	36	A 2,2/6	118	0,7	85	112	175	
1,5	1410	380 △	3,5	36	DB 11/4	110	0,7	80	115	170	
1,5	1400	380 ⅄	3,5	24	CN 5/32	70	0,9	90	115	170	
1,5	1410	380 y	3,85	36	AVDN11/4	47	1,00	88	127		
1,8	940	380 y		36	D 30/6	52	1,4				
1,8	935	380 ⅄	4,6	36	A 3/6	55	1,1				

1	2	3	4	5	6	7	8	9	10	11	12
kW	n=	Volt	Amp.	Nuten	Typ	Wdg.	∅	Paketlänge	Bohrung	Außen ∅	
AEG											
0,05	1380	380 ⅄	0,25	24	DA 015/4	360	0,25	50	50		
0,12	2890	380 ⅄	0,4	18	DSP 2	285	0,3	42	40	92	
0,125	1380	380 ⅄	0,52	24	DA 020/4	266	0,35	50	55		
0,185	2800	550	0,36	24	DA 025/2	166	0,35	66	57	103	
0,22	2700	380 ⅄	0,63	18	DIK 10	218	0,35	50	50	95	
0,25	2800	380 ⅄	0,7	18	DA 020/2	220	0,35	50	50	95	
0,25	1400	380 ⅄	0,8	24	DA 025/4	190	0,45	60	65		
0,26	1400	380 ⅄	0,63	24	AVDN 2/4	165	0,45	60	80		
0,3	1380	220 ⅄	1,5	24	ANFW 2,5	110	0,55				
0,33	2800	380 ⅄		24	DA 025/2	94	0,55	60	60		
0,4	1400	380 ⅄	1,2	24	AD 030/4	140	0,55				
0,44	1410	380 ⅄	1,2	24	AVDN 3/4	138	0,5	60	90		
0,44	690	380 ⅄	1,28	36		116	0,6	75	95		
0,45	1400	380 ⅄	1,3	24	DA 030/4	140	0,5	72	75		
2,2	1400	380 ⅄	5,3	36	AM 2,2/4a	40	1,3	95	115	188	Aluminium
2,2	1415	380 ⅄	5,2	36	AM 2,2/4	42	1,2	95	115	188	Kupfer
2,2	930	380 △	5	36	DB 30/6	84	0,85	95	140		
2,6	1420	380 ⅄	6,8	36	DAF 22/4	40	1,2	88	127	200	
2,9	1410	380 △	6,45	36	DB 22/4	66	0,9	90	125		
3,6	1400	380 ⅄	8,6	36	A 4,4/4a	31	1,5	95	140	205	Aluminium
4	1450	380 ⅄	8,5	36	A 4,4/4	31	1,3	95	140	205	Kupfer
4,7	945	380 △	10,7	36	DB 75/6	56	1,3	140	180	260	
5	1415	380 △	10,4	86	DB 40/4	48	1,2	105	150		Kupfer
5	1415	380 △	10,4	36	DB 40/4	42	1,3	105	150		Aluminium
9	1450	380 △	18,4	36	DB 80/4	27	1,35//	150	195		
10	970	380 ⅄	23	54	A 15/6	14	1,6//	190	210		

Typ	Spannung	Strom	kW	E-Breite	∅ innen	Nuten-grundmaß	∅ außen	n =	Wickl. Art	Nutenzahl	Wdch/Nute	Draht ∅
					Hersteller: Stephan							
D 312	380 ⅄	3,18	1,5	140	75	110	160	2800	ZG ·	24	38	0,85//
D 532	380 △	4,47	2,2	100	95	140	200	2800	ZG ·	24	94	0,9
	380	2,1/2,35	0,7/1,1	105	95	140	160	700/1400	ZG ·	36	180	0,55
CD 314	380 ⅄	0,6	01,98	55	90	125	155	1400	ZG ·	36	118	0,55
ZD 334	380 ⅄	1,8	0,8	105	90	125	160	1400	ZG ·	36	68	0,8
DTP 15	380 ⅄	0,15	0,02	43	32	51	67	2800	EZU	18	425	0,12
DA 015	380 ⅄	0,18	0,05	40	40	51		2800	EZU	18	280	0,28
DSKP 015	380 ⅄	0,32	0,09	46	44	63	83	2800	EZU	18	302	0,25
DA 030/2	380 ⅄	1,85	0,75	65	65	92	125	2800	EZU	24	88	0,65
DA 030/4	380 ⅄	1,15	0,37	74	75	106	125	1400	EZU	24	136	0,6
DA 035/4	380 ⅄	1,85	0,72	91	84	123	143	1420	EZU	24	100	0,75
DA 035	380 ⅄	2,7	0,88	115	84	123	143	1420	EZU	24	85	0,85
DB 1,1/4	380 ⅄	2,6	1,1	77	90	123	155	1420	EZU	24	90	0,85
A 1,5/4	380 ⅄	3,4	1,5	74	105	140	170	1420	EZU	36	60	0,95
A 2,2/4	380 ⅄	5	2,2	90	155	190	225	1420	EZU	36	44	1,2
A 1,1/6	380 ⅄		0,66	77	89	130	155	905	EZU	27	120	0,75
DB 75/6	380 ⅄	11	4,7	140	180	220	260	945	EZU	36	29	1,25
FD 032	380 ⅄	0,42	0,125	63	45	67	90	2880	ZG ·	24	131	0,25
ND 0	380 ⅄	0,51	0,18	50	60	80	120	2880	EG	12	290	0,3
ZD 112	380 ⅄	0,52	0,2	45	60	82	120	2880	ZG ·	24	160	0,3
GD 112	380 ⅄	0,52	0,2	42	60	82	120	2880	ZG ·	24	180	0,35
GD 112	380 ⅄	0,52	0,2	43	68	99	120	2880	ZG ·	36	114	0,3
GD 122	380 ⅄	0,82	0,33	62	60	82	120	2880	ZG ·	24	116	0,35
	380 ⅄	1,8	0,8	58	96	138	160	2880	ZG ·	36	70	0,7
D 3 2 N	380 ⅄	1,8	0,8	70	90	120	155	2880	ZG ·	24	93	0,75
FDH 322/230	380 ⅄	2,65	1,1	72	95	137	160	2880	ZG ·	36	54	0,8
D 3 2 B	380 ⅄	2,4	1,1	100	75	110	100	2880	ZG ·	24	54	1,0
					Hersteller: S.S.W.							
PR 17–2	380 ⅄	0,75	0,27	52	59	95	125	2800	ZG ·	18	170	0,45
OR 9,7–2	380 ⅄	0,8	0,3	45	52	80	110	2800	ZG ·	18	195	0,4
OR 17–2	380 ⅄	1,3	0,5	52	59	95	125	2800	ZG ·	18	168	0,5
OR 27s–2	380 ⅄	1,7	0,7	52	70	105	145	2800	ZG ·	24	96	0,6
OR 27k–2	380 ⅄	2,3	0,95	65	70	105	145	2800	ZG ·	24	80	0,65
R 35sa–21	380 ⅄	2,5	1,1	55	82	123	170	2800	ZG ·	24	82	0,7
R 45so–21	380 ⅄		2,2	63	100	143	200	2800	ZG ·	24	57	1,0

1	2	3	4	5	6	7	8	9	10	11	12
Typ	Volt	kW	Breite	∅ innen	Nuten-grund-maß	∅ außen	n	Wickl.	Nuten	Wdg.	Draht ∅
DKVX	380 ⅄	0,55	50	125,5	1752	2162	950	EZU	36	76	0,8
DKVX	380 ⅄	0,74	70	125,5	1752	2162	950	EZU	36	67	0,9
DKVX	380 ⅄	1,1	80	125,5	1752	2162	950	EZU	36	65	1,0
DKVX	380 ⅄	1,5	80	125,5	1752	2162	950	EZU	36	49	1,2
DKVX	380 ⅄	2,2	100	125,5	1752	2162	950	EZU	36	43	1,3
DKVX	380 ⅄	1,3	60	125,5	1752	2162	1450	EZU	36	61	0,8
DKVX	380 ⅄	1,5	70	125,5	1752	2162	1450	EZU	36	51	1,0
DKVX	380 ⅄	2,2	80	125,5	1752	2162	1450	EZU	36	44	1,1
DKVX	380 ⅄	3	100	125,5	1752	2162	1450	EZU	36	36	1,3
DKVX	380 ⅄	4	110	125,5	1752	2162	1450	EZU	36	32	1,05//
DKVX	380 ⅄	5,5	120	125,5	1752	2162	1450	EZU	36	27	1,2//
DKVX	380 ⅄	1,1	50	125,5	1752	2162	2800	EZU	36	50	0,8
DKVX	380 ⅄	1,5	50	125,5	1752	2162	2800	EZU	36	45	0,9
DKVX	380 ⅄	2,2	60	125,5	1752	2162	2800	EZU	36	41	1,1
DKVX	380 ⅄	3	80	125,5	1752	2162	2800	EZU	36	33	1,3
					Alter Typ						
DKV	380 ⅄	0,185	50	92	121	142	1400	EZU	36	121	0,4
DKV	380 ⅄	0,24	60	92	121	142	1400	EZU	36	105	0,5
DKV	380 ⅄	0,37	75	92	121	142	1400	EZU	36	85	0,5
DKV	380 ⅄	0,55	90	92	121	142	1400	EZU	36	70	0,6
DKV	380 ⅄	0,74	100	92	121	142	1400	EZU	36	70	0,7
DKV	380 ⅄	0,37	75	92	130	165	1400	EZU	24	150	0,5
DKV	380 ⅄	0,37	105	100	121	142	950	EZU	36	86	0,5
DKV	380 ⅄	0,74	117	92	121	142	950	EZU	36	87	9,75

1	2	3	4	5	6	7	8	9	10	11	12
Typ	Volt	kW	Breite	Ø innen	Nuten-grund-maß	Ø außen	n	Wickl.	Nuten	Wdg.	Draht Ø
DKV	380 ⅄	0,22	30	92	121	142	2800	EZU	36	110	0,4
DKV	380 ⅄	0,37	50	92	121	142	2800	EZU	36	92	0,5
DKV	380 ⅄	0,55	60	92	121	142	2800	EZU	36	70	0,6
DKV	380 ⅄	0,74	90	92	121	142	2800	EZU	36	60	0,7
DKV	380 ⅄	1,1	100	92	121	142	2800	EZU	36	53	0,8
					Neuer Typ						
DKV 1000	380 ⅄	0,184	65	89	124	146	950	EZU	36	120	0,45
DKV 1500	380 ⅄	0,24	65	89	124	146	950	EZU	36	120	0,5
DKV 1000	380 ⅄	0,37	85	89	124	146	950	EZU	36	90	0,6
DKV 1000	380 ⅄	0,55	90	89	124	146	950	EZU	36	85	0,6
DKV 1500	380 ⅄	0,184	50	89	124	146	1450	EZU	36	113	0,45
DKV 1500	380 ⅄	0,24	55	89	124	146	1450	EZU	36	101	0,45
DKV 1500	380 ⅄	0,37	70	89	124	146	1450	EZU	36	80	0,55
DKV 1500	380 ⅄	0,55	85	89	124	146	1450	EZU	36	69	0,6
DKV 1500	380 ⅄	0,74	90	89	124	146	1450	EZU	36	69	0,7
DKV 1500	380 ⅄	1,1 $^{15\%}_{\text{Int}}$	90	89	124	146	1450	EZU	36	52	0,8
DKV 1500	380 ⅄	1,1 $^{25\%}_{\text{Int}}$	100	89	124	146	1450	EZU	36	60	0,8
DKV 3000	380 ⅄	0,184	40	89	124	146	2800	EZU	36	120	0,45
DKV 3000	380 ⅄	0,24	40	89	124	146	2800	EZU	36	102	0,5
DKV 3000	380 ⅄	0,37	50	89	124	146	2800	EZU	36	88	0,5
DKV 3000	380 ⅄	0,55	60	89	124	146	2800	EZU	36	72	0,6
DKV 3000	380 ⅄	0,74	90	89	124	146	2800	EZU	36	47	0,7

Tabelle 61 **Beitrag für das Wickeldatenarchiv / Drehstrommotoren**

Fabrikat	Leistung	Type	n = Drehzahl	Spannung Volt	Strom Amp.	cos φ	Nuten akt. Eisen					Wdg.	Draht ∅	Bemerkungen
							Stator	Rotor	Länge	innen ∅	außen ∅			
Bauknecht	0,75 kW	DB 0,35/5	1350	220	2,2		24		78	68	110	84	0,7	
									Hilfswicklg.		106 + 32		0,55 bifilar	
Bauknecht	0,28 kW	D 0,28	1330	380/220	0,87/1,5	0,75	24	18	65	68	110	182	0,45 L	
Bauknecht	0,3 kW	D 0,17	2720	380/220	0,77/1,35	0,81	24	16	50	60	110	148	0,4	
Bauknecht	0,35 kW	D 0,35/4	1350	380/220	1,04/1,8	0,76	24	18	80	70	110	149	0,5	
Bauknecht	0,37 kW	TGO 2	1420	220/380	1,85/1,07	0,74	24	30	48	92	152	180	0,5 L	
Bauknecht	0,5 kW	D 0,5/4	1400	380/220	1,25/2,18	0,79	24	30	75	80	123	132	0,55	
Bauknecht	0,5 kW	kF 0,45 N	2820	220/380	2,06/1,19	0,84	24	18	70	70	125	86	0,65	
Bauknecht	0,55 kW	THD 2	1420	380/220	1,45/2,5	0,75	24		65	92	154	136	0,60	
Bauknecht	0,55 kW	D 0,5	1400	220/380	2,8/1,25	0,79	24	30	75	80	122	132	0,55	
Bauknecht	0,75 kW	kD 0,75 F	1400	220/380	1,8/3,1	0,8	24	30	90	80	125	104	0,65 L	
Bauknecht	0,8 kW	k 1,1	1400	220/380	3,3/1,9							88	0,60	
Bauknecht	0,8 kW	D 0,8	1400	220/380	3,3/1,9	0,8	24	30	90	82	122	100	2×0,	
Bauknecht	1,5 PS	k 0,7	2850	380 △	1,4	0,87			105	70	130	105	0,65	
Bauknecht	1,1 kW	D 1,1	1410	220/380	4,3/2,5	0,82	24	30	85	105	160	85	0,80	
Bauknecht	1,5 kW	kD 1,5	1420	220 △		0,83	24	30	105	105	165	65	0,90	
Bauknecht	1,7 kW	kD 1,1	2840	220/380	5,7	0,88	24	18	86	85	150	54	0,95	
Bauknecht	2,5 PS	KS 3	1420	220/380	8,1/4,7	0,85	36	44	103	130	196	38	2×0,8	
Bauknecht	3 PS	KSF 3	1430	380/660	4,7/2,7	0,85	36		105	130	195	70	0,85	
Bauknecht	4 kW	D 3	2900	380 △	8,1	0,89	24	16	110	110	195	67	1,1	
Bauknecht	4 kW	kD 4	1440	380 △	8,3		36	44	90	155	215	60	1,1 L	
Bauknecht	7,5 PS	kS 7,5	1440	380/660	11,1	0,87	36		135	155	225	40	1,35	

Tabelle 62 **Beitrag für das Wickeldatenarchiv / Drehstrommotoren**

Fabrikat	Leistung	Type	n = Drehzahl	Spannung Volt	Strom Amp.	cos φ	Nuten akt. Eisen Stator	Rotor	Länge	innen ∅	außen ∅	Wdg.	Draht ∅	Bemerkungen
Bauknecht	7,5 PS	V 7,5/4	1445	380 △	15,6	0,87	36	44	134	155	230	35	1,3	
AEG	0,12 kW	DSP 2	2800	220/380	0,65/0,38		18	22	42	40	92	280	0,30	
AEG	0,185 kW	DAO 25/2	2800	550	0,36		24		66	57	103	166	0,35	
AEG	0,22 kW	DAO 20/2	2800	220/380	1,1/0,64	0,76	18	16	50	50	105	220	0,35	
AEG	0,22 kW	DTK 10	2700	220/380			18	22	50	50	95	218	0,35	
AEG	0,40 kW	AFW	1340	220/380	1,24/2,15	0,74	24	22	60	65	110	174	0,50	
AEG	0,70 kW	DA 030/2 spez.	2820	380 △	1,8		24		65	65	125	155	0,50	
AEG	1 PS	NWD 20/6	950	220 △	3,06		36	44	85	125	210	86	0,95	
AEG	11 PS	D 1–¼	1420	380 △	1,98	0,78	36		80	100	160	110	0,50	
AEG	1,1 kW	VDN 8/2	2800	220/380	4,15/2,4	0,87	24	28	65	90	180	65	0,85 BB	
AEG	1,3 kW	B 1/4	1400	220/380	5,2/3		36		95	85	145	60	0,8	
AEG	2,2 kW	AM 2,2/4	1415	500 ⅄	3,8	0,82	36	44	93	115	185	55	1,05	
AEG	3 PS	AVDO 15/4	1430	380 △	4,8	0,84	36		100	140	205	68	0,85	
AEG	2,2 kW	DB 11/2	2850	220/380	8/4,6	0,87	24	28	80	88	172	45	1,0	
AEG	2,2 kW	K 50–4	1410	380 △	4,8	0,83	36	44	83	125	180	78	0,75	
AEG	3 kW	D 3/4	1410	380 △	6/6				95	125	200	66	1,0	
AEG	4,4 kW	AVDN 55/6	950	380 △	9,2	0,85	36	44	134	182	260	55	1,2	
AEG	6 PS	AVDN 30/4	1430	380/220	9,3/16,1	0,86	36		115	160	230	27	0,1+1,05//	
AEG	7,5 PS	AVDD 40/4	1430	380 △	11,4	0,8	36		125	170	215	41	1,3 BB	
AEG	7,5 kW	A 7,5/4a	1440	220/380	29/16,6	0,82	36	28	113	170	255	21	2,1 ALu	
AEG	7,5 kW	DBJ 75/4	1440	220/380	27/15,5	0,82			138	170	250	17	1,9	
AEG	9 kW	VD 1500/9	1440	220	31	0,87	36		170	185	230	20	2×1,7	
AEG	12 kW	AM 11/4m	1460	500 ⅄	19,5	0,83	36		155	185	285	20	2×1,65	

Tabelle 63 **Hersteller: Elin**

Typ	Volt	Amp.	kW	Breite	Ø innen	Nutengrundmaß	Ø außen	n	Wickl.	Nuten	Wdg.	Draht Ø
AD 064	380 ⅄	2	0,74	70	70	110	130	1360	EG	24	116	0,65
AD 064	380 ⅄	2	0,75					1360	EG	24	120	0,7
AD 084	380 ⅄	2,6	1,1	120	90	125	155	1400	EG	24	67	0,75
AD 308	380 ⅄	3,5	1,1	110	115	165	185	750	EG	24	100	1,0
AD 134	380 ⅄	3,6	1,47	85	90	160	240	1450	EG	24	85	0,9
AD 134	380 △	3,6	1,47	85	90	160	240	1450	EG	24	146	0,7
AD 134	380 △	3,6	1,47	75	90	160	240	1450	EG	24	152	0,65
AD 082	380 ⅄	3,3	1,47	105	70	108	125	2800	EG	24	54	1,0
ADm 304	380 △	5,1	2,2	110	115	160	190	1440	EG	24	81	0,95
AD 132	380 △	4,85	2,2	85	85	125	155	2800	EG	24	94	0,9
AD 604	380 △	12,2	5,5	120	135	175	215	1450	EG	36	45	1,25
AD 1006	380 △	11,9	5,5	155	175	215	250	940	EG	36	49	1,3
Elin-TBT												
HLV 4	380 ⅄	2,5	1,1	60	100	140	165	1375	EG	36	78	0,8
HLV 4	380 △	3,2	1,5					2800	EG	24	112	0,6
N 9	380 △	56	30	185	225	290	345	1460	Hand	60	12	3,2

Tabelle 64 **Hersteller: Adolf Dietz, Dettingen**

Typ	Volt	Amp.	kW	Breite	Ø innen	Nutengrundmaß	Ø außen	n	Wickl.	Nuten	Wdg.	Draht Ø
GD 215	380 ⅄	0,6	0,2	70	80	110	140	950	ZG ·	36	183	0,4
GD 121	380 ⅄	0,8	0,33	65	60	83	120	2800	ZG ·	24	122	0,35
GD 237	380 ⅄	1,5	0,33	60	100			700	ZG ·	36	180	0,4
TD 133	380 ⅄	0,9	0,36	92	65	90	120	1420	ZG ·	24	150	0,5
FD 211	380 ⅄	1,74	0,8	87	70	100	140	2800	ZG ·	24	76	0,7
GD 317	380 ⅄	2,3	0,8					700	ZG ·	36	118	0,8
TD 233	380 ⅄	2,5	1,1	70	100			1450	ZG ·	36	35	0,7
GD 233	380 ⅄	2,5	1,1	75	100			1450	ZG ·	36	74	0,65
GD 243	380 ⅄	3,1	1,5	90	100	135	155	1450	ZG ·	36	61	0,75
GD 231	380 ⅄	3,2	1,5	80	80	110	160	2850	ZG ·	24	62	0,8
GD 313	380 △	3,6	2,2	90	135	165	195	1440	ZG ·	36	40	1,0
GD 241	380 ⅄	3,6	2,2	100	80	110	160	2850	ZG ·	24	47	1,0
D 333	380 △		3	115	135	170	210	1450	ZG ·	36	50	0,9
GD 323	380 △	6	3	100	135	170	210	1450	ZG ·	36	60	0,85
GD 443	380 ⅄	8,4	4	96	160	195	235	1450	ZG ·	36	30	0,95//

Drehstrommotoren

kW	n =	Volt	Amp.	Nuten	Typ	Wdg. Nute	Draht ∅	Paket-länge	Bohrung	Außen ∅
					Bauknecht					
0,22	920	380 ⅄	0,7	36	R 045	120	0,45	90	80	135
0,5	1400	380 ⅄	1,25	24	D 05	130	0,55	75	80	
0,75	1400	380 ⅄	1,8	24	RD 075	100	0,65	90	80	
0,75	940	380 ⅄	2,1	24	KM 2	75	0,85	90	140	
0,8	2800	380 ⅄	1,85	24	D 05	85	0,6	75	70	
0,8	1410	380 ⅄	1,9	24	K 1,1	85	0,8	103	50	
1,1	1400	380 ⅄	2,5	24	K 1,1 n	84	0,8			
1,5	2850	380 ⅄	2,4	24	K 07	62	0,75	105	70	130
1,5	1420	380 △	3,3	24	D 1,5	110	0,7	105	105	165
1,5	1465	380 △	3,15	24	OG 20	86	0,8	117	100	
1,5	2800	380 ⅄	3,1	24	K 1,5 N	58	1,0	83	85	
1,7	2840	380 ⅄	5,7	24		54	0,95	86	85	
1,7	2840	380 ⅄	3,6	24	D 1,1	54	1,0			
1,75	1420	380 △	4,3	36	KSSN	86	0,85	90	130	
2,2	1425	380 ⅄	4,7	36	KD 2,2	43	1,0	92	130	
2,2	1420	380 △	4,7	36	KS 3n	77	0,85	90	130	
2,3	2850	380 △	4,7	24	KD 1,5	71	0,9	115	85	160
3	1425	380 ⅄	6,3	36	KD 3	36	0,85//	105	130	
4	1440	380 △	8,2	36	KS 5,5	48	0,8//	115	155	220
5,5	1445	380 △	15,6	36	V 7,5/4	35	1,3	134	155	230
7,5	1450	380 △	14,8	36	KLS 10	44	1,4	110	173	260
10	1450	380 ⅄	14,8	36	KS 10	24	1,05///	110	173	
11	1455	380 △	22	36	D 11	29	1,6	140	173	
					Bitter					
0,44	1400	380 ⅄	1,26	24	AD 0	140	0,45	60	80	
0,74	1360	380 ⅄	1,84	24	M 1,7–4	110	0,6	75	75	
0,8	1420	380 ⅄	2,1	36	OSK 1	72	0,7	65	100	
0,8	1420	380 ⅄	1,9	36	OSK 1	74	0,75	60	100	
0,8	1410	380 ⅄	1,9	24	AD 0	80	0,75	100	80	
1,1	1420	380 ⅄	2,5	36	O 1	62	0,85	75	100	
1,5	2850	380 ⅄	6,4	24	F 14 F	66	0,8	65	60	
2,2	1430	380 △	4,7	36	F 34 G	72	0,85	112	100	

Tabelle 66 **Beitrag für das Wickeldatenarchiv / Drehstrommotoren Bergmann, BBC, Brunken, Conz**

Fabrikat	Leistung	Type	n = Drehzahl	Spannung Volt	Strom Amp.	cos φ	Nuten akt. Eisen Stator	Rotor	Länge	innen ∅	außen ∅	Wdg.	Draht ∅	Bemerkungen
Bergmann	0,75 kW	Ak 0,8–4	1415	220/380	3,1/1,8		24		82	94	155	104	0,7	
Bergmann	1,1 kW	AkD 1,1–4	1440	380	4		36		110	117	210	80	0,8	
Bergmann	4,4 kW	SD 6/4	1430	220/380	15/8,7		36		185	265	155	27	1,9	
B. B. C.	0,37 kW	SGK 249	1440	220/380	1,73/1	0,72			85	87	140	81	0,6	
B. B. C.	0,37 kW	SR 211a–4	1410	500 ⅄	0,76	0,7	36	28	60	88	150	140	0,4	
B. B. C.	0,55 kW	SRK 220–4	1410	500	1,08	0,77	36		75	85	145	108	0,55	
B. B. C.	0,73 kW	SRK 2 D–4	1380	500 ⅄	1,42	0,78	36	28	70	86	145	96	0,60	
B. B. C.	2 kW	SRK 3 F–4	1400	220/380	4,6/8	0,8	36	45	92	105	175	44	0,8+0,85//	
B. B. C.	3 kW	SNK 883	720	380	7,7	0,73	36		165	155	250	75	0,1	
B. B. C.	3,2 kW	SwK 643 N	1425	500 △	5,3	0,84	36	46	104	124	200	85	0,85	
B. B. C.	3,3 kW	SwKs s E–4	1400	500 △		0,85	36	46	100	112	180	90	0,90	
B. B. C.	4 kW	SwK 620–4	1420	380 △		0,84	36	46	120	125	200	56	1,1	
B. B. C.	8 kW	SRK 10–6	950	500 ⅄	12,8	0,84	54		168	215	290	54	2×1,45	
B. B. C.	15 kW	HSRK 126	963	500 ⅄	22,5	0,86	54	68	178	262	374	17	2×2,3	
B. B. C.	19 kW	HSRS 126 H	970	500 △	35	0,72	54	72	180	260	340	22	2,7	
Brunken	5,5 kW	ENDA	1440	380 △	11,1	0,87	48	61	112	100	255	38	1,4	
Brunken	30 kW	NH	1440	220/380	118/68		48		150	210	350	18	2,8	
Conz	0,24 kW	SOS 6/4	1400	220/380	1,3/0,7	0,7	24		50	85	135	180	0,45 L	
Conz	0,8 kW	HKL 0,5	1400	220/380	3,3/1,9		36		77	95	165	65	0,7	
Conz	1,5 kW	SO 26/4	1420	380 △	3,4	0,83	536		70	120	180	93	0,75	
Conz	2 PS	OL 184	1400	220/380	6,0/3,5	0,82	36		90	94	160	47	0,85	
Conz	2,2 kW	SO 23–4	1420	380	4,8		36		96	120	170	65	0,90	
Conz	2,2 kW	SO 37/6	925	380	5,2	0,78	54	43	83	140	220	54	1,1	
Conz	2,4 kW	SO 26/2	2850	380	5		24		70	100	185	88	0,75	
Conz	3 kW	SOMMF 28/2	2850	380 △	6,1		24		95	100	180	70	0,95	
Conz	3,7 kW	UM 396	925	380 △	8,3	0,87	54	43	150	140	215	37	1,2	

Typ	Spannung	Strom	kW	E-Breite	Ø innen	Nuten-grundmaß	Ø außen	n =	Wickl. Art	Nutenzahl	Wdch/Nute	Draht Ø
Hersteller: S. S. W.												
R 46no–21	380 △	6,7	3	80	100	145	200	2800	ZG ·	24	76	0,95 Al
R 45n/2	380 △	6,2	3	82	100	145	200	2800	ZG ·	24	72	0,85 Cu
OR 57n^2	380 △	13,5	6,5	135	120	165	240	2800	ZG ·	24	36	1,4
OR 27s–4	380 ⅄	1,0	0,37	52	85	120	145	1400	ZG	24	35	1,4
OR 27s–4	380 ⅄	1,0	0,37	52	85	120	145	1400	ZG	36	116	0,5
R 35s+41	380 ⅄	1,95	0,8	55	105	145	170	1400	ZG	36	92	0,65
OR 37s+41	380 ⅄	3,6	1,5	85	105	145	170	1400	ZG	36	58	0,85
R 45s+41	380 ⅄	3,4	1,5	65	125	170	200	1400	ZG	36	60	0,85
OR 46n+41	380 △	8,9	4	155	125	170	200	1400	ZG	36	86	0,75// Al
OR 47+41	380 △	9,6	4,4	155	125	170	200	1400	ZG	36	44	1,1 Cu
R 55–4	380 ⅄	6,4	3	75	145	200	246	1400	ZG	36	44	0,85//
RN 60–1000	380 ⅄	3,7	1,5	84	92	155	200	930	ZG	36	62	1,3
R 45n+61	380 △	3,8	1,5	85	130	180	200	930	ZG	36	102	0,7
R 45n^0–81	380 ⅄	2,6	0,9	85	135	180	200	700	ZG ·	48	62	0,75
Hersteller: Bauknecht												
K 0,45n	380 ⅄	0,9	0,33	90	80	115	135	1400	EG	24	130	0,55
TGO 2	380 ⅄	1,07	0,37	47	90	120	150	1400	EG	24	182	0,5
THO 2	380 ⅄	1,45	0,55	60	90	120	150	1400	EG	24	135	0,6
TSP 2	380 ⅄	1,8	0,75	83	92	125	150	1400	EG	24	102	0,7
KN 1	380 ⅄	1,9	0,8	70	105	135	160	1400	EG	24	100	0,7
KN 2	380 ⅄	3,3	1,5	108	105	135	160	1400	EG	24	63	0,9
KN 2	380 △	3,3	1,5	108	105	135	160	1400	EG	24	109	0,65
TNV 2	380 △	3,4	1,5	90	115	155	175	1400	EG	24	130	0,75
KS 3	380 △	4,7	2,2					1400	EG	36	69	0,85
KS 4	380 △	6,3	3	90	140	182	220	1400	EG	36	62	1,0
Hersteller: Bauknecht												
KS 7,5	380 △	11,1	5,5	135	155	190	220	1400	EG	36	35	1,4 Al
KS 7,5	380 △	11,1	5,5	135	155	190	220	1400	EG	36	40	1,25 Cu
KS 7,5	380 △	0,85	4	135	155	190	220	950	EG	36	64	1,0
R 045	380 △	0,7	0,22	90	80	135	135	920	EG	36	120	0,45
K 2 N	380 △	2,7	1,1	105	110	160	160	930	EG	36	63	0,9

Tabelle 68 **Beitrag für das Wickeldatenarchiv / Drehstrommotoren**

Lfd. Nr.	Fabrikat	Leistung		Type	Dreh-zahl n	Spannung V	Nuten	Blechpaket		Drähte je Nut	Draht ∅	Bemerkungen
		kW	PS					Länge mm	Innen-∅			
1	Kaiser	1,5	—	KNZB/21,5	2830	220/380	24	85	85	62	0,8	
2	Kaiser	—	1,1	KN 32/6	925	220/380	36	70	115	98	0,75	
3	Kaiser	—	1,5	KN 43/8	700	500 △	48	90	140	140	0,6	
4	Kaiser	—	0,5	D 13/4	1430	220/380	24	—	—	154	0,5	
5	Kaiser	—	0,75	D 13/2	2800	220/380	24	65	70	100	0,6	
6	Kaiser	—	1,1	D 23/4	1400	220/380	24	85	92	98	0,7	
7	Kaiser	—	1,1	D 32/6	925	220/380	36	70	115	93	0,75	
8	Kaiser	—	1,5	AD 25/9	950	220/380	36	90	160	73	0,7	
9	Kaiser	—	3,0	D 43/4	1400	380/660	36	90	130	80	0,85	
10	Kaiser	—	2,5	D 53/8	710	220/380	48	122	153	40	1,1	
11	Kaiser	—	4,0	D 53/6	950	380/660	54	120	152	50	1,0	
12	Kaiser	—	5,0	D 53/a 4	1420	380/660	36	102	143	61	1,05	
13	Elbtalwerk	0,55	—	44 a	1380	220/380	24	60	90	118	0,5	
14	Elbtalwerk	1,1	—	45 a	1400	380/660	36	82	100	110	0,6	
15	Elbtalwerk	—	0,5	64	910	220/380	24	90	100	100	0,5	
16	Elbtalwerk	1,1	—	66	910	220/380	36	110	125	61	0,85	
17	Elbtalwerk	9,0	—	DK 231	2900	500 △	36	115	150	34	1,2	
18	Schorch	1,1	—	SK 20/4	1400	380/660	36	65	100	105	0,55	
19	Schorch	3,0	—	SK 35/4	1400	380/660	36	108	115	57	0,85	
20	Schorch	4,0	—	SK 37/4	1420	380/660	36	110	115	50	0,7	2 Dr. parallel
21	Schorch	7,5	—	KAd 50/4	1400	220/380	36	115	165	21	1,45	

Tabelle 69 **Beitrag für das Wickeldatenarchiv**

Lfd. Nr-	Fabrikat	Leistung		Type	Drehzahl n	Spannung V	Nuten	Blechpaket		Drähte je Nut	Draht ∅	Bemerkungen
		kW	PS					Länge mm	Innen-∅			
22	Conz	1,1	—	SOF 18/4	1410	380/660	36	85	95	100	0,6	
23	Conz	1,1	—	SOA 18/4	1410	220/380	36	90	95	58	0,75	
24	Conz	1,5	—	SOM 26/4	1420	500 ⅄	36	70	122	71	0,75	
25	Conz	1,5	—	SOMU 26/4	1420	220/380	36	75	120	54	0,9	
26	Conz	2,2	—	SOM 28/4	1400	380/660	36	73	120	68	0,85	
27	Conz	5,5	—	SO 38/2	2800	380/660	36	100	120	36	1,2	
28	Conz	4,0	—	SO 37/2	2800	380/660	36	85	120	45	1,0	
29	Conz	5,5	—	LOS 4604	1430	220/380	36	133	162	20	1,1	
30	Sachsenwerk	0,37	—	AD 6/4	1370	220/380	24	70	70	153	0,45	
31	Sachsenwerk	0,5	—	AD 5/2	2800	220/380	24	50	65	132	0,5	
32	Sachsenwerk	1,5	—	AD 025/2	2840	220/380	24	80	90	63	1,05	
33	Sachsenwerk	1,5	—	AD 25/4	1410	220/380	36	84	105	57	0,9	
34	Sachsenwerk	1,7	—	AD 26/4	1420	500 ⅄	36	105	105	76	0,75	
35	Sachsenwerk	2,2	—	AD 026/2	2850	500 ⅄	24	98	90	60	1,1	
36	Sachsenwerk	2,5	—	AD 036/4	1430	500 ⅄	36	120	125	50	1,15	
37	Sachsenwerk	3,0	—	AD 36a/4	1420	380/660	36	120	126	62	1,05	
38	Sachsenwerk	1,1	—	DE 44/4	1440	220/380	24	135	85	68	0,85	
39	Sachsenwerk	4,4	—	AD 45/4	1445	380/660	36	110	145	60	1,3	
40	Sachsenwerk	5,5	—	AD 46a/4	1400	380/660	36	140	145	46	1,45	
41	Sachsenwerk	6,5	—	AD 46/4	1440	500 △	36	140	145	58	1,25	
42	Sachsenwerk	7,5	—	BLD 53/4	1460	380/660	48	165	170	25	1,7	

Beitrag für das Wickeldatenarchiv

TORNADO-Einanker-Umformer (Dr. M. Levy, Berlin)
(siehe auch EMA, Heft 9 und 10, 1948, Seite 150)

1. Typ GDG 48, 2,5 kW, 440 Volt Gleichstrom, 3000 n, 2polig.
230 Volt Drehstrom, 50 Hertz.

Anker: 20 Nuten

a) Gleichstrom: je Spule 33 Wdg., Draht 0,85 mm ∅,
Wickelschritt 1—11, Schaltschritt 1—2, 60 Lamellen, Dreifachspulen, Schleifenwicklung, 2polig.

b) Drehstrom: je Phase 25 Wdg., Draht 1,2 mm ∅,
Nutenschritt 1—11.

2. Typ UD 39, 380/55 Volt (Kino-Umformer), 2/16,5 Amp., 3000 n, 2polig.

Anker: 18 Nuten

a) Gleichstrom: 2 und 3 Wdg., Draht 1,4 mm ∅,
Wickelschritt 1—10, Schaltschritt 1—2, 54 Lamellen, Schleifenwicklung.

b) Drehstrom: je Nute 38 Drähte, Draht 0,8 mm ∅,
je Phase 2 Gruppen in Serie, Dreiphasenwicklung für 380 Volt. 50 Hertz.

3. Typ UD 47, 380/70 Volt, 3000 n, 3,2/21 Amp.

Anker: 24 Nuten

a) Gleichstrom: je Teilspule 2 Wdg., Draht 1,3 mm ∅,
Wickelschritt 1—10, / 1—12, Kollektorschritt 1—2, 72 Lamellen, Schleifenwicklung.

b) Drehstrom: 32/34/35 Wdg., 2polig, Draht ?,
für 380 Volt, 50 Hertz.

4. Typ . . . 2,9 kW, 380/70 Volt, 6,1/41 Amp., 3000 n.

Anker: 24 Nuten

a) Gleichstrom: Zweifachspulen zu je 2 Wdg., Draht 2 · 1,5 mm ∅,
(2 parallel), Wickelschritt 1—13, Kollektorschritt 1—2, Schleifenwicklung.

b) Drehstrom: je Nute 25 Drähte, Draht 1,1 mm ∅,
je Phase 2 Gruppen in Serie. Anfänge aus Nuten 4, 12,20 an Lamellen 17, 23, 1.

5. Typ UWD 33, 0,3 kW, 3000 n, 50 Hertz, 220/50 Volt, 6/29 Amp.

Anker: 18 Nuten

a) Gleichstrom: je Nute 42 Wdg., Draht 0,85 mm ∅,
Wickelschritt 1—8, Kollektorschritt 1—2, 54 Lamellen,
aus Nute 3 an Lamelle 43, aus Nute 15 an Lamelle 25,
aus Nute 6 an Schleifring I, aus Nute 18 an Schleifring II,
aus Nute 12 an Schleifring III.
Ständer: 200 Wdg. 0,5 mm ∅, 39 Wdg. 1,6 mm ∅.

6. Typ EU, UWD 44, 1,4 kW, primär 220 Volt, 9,3 Amp. 3000 n,
sek. 230 Volt, 6,1 Amp., 50 Hertz.

Anker: 24 Nuten, 2polig,

72 Lamellen, Wickelschritt 1—13, Kollektorschritt 1—2.

a) Gleichstrom: 5 Wdg., Draht 3 · 0,95 mm ∅.

b) Drehstrom: 6 Wdg., Draht 1,6 mm ∅.

Anmerkung:

Schaltbilder und Anleitung für die Herstellung der Wicklungen am Tornado-Umformer siehe Raskop. Das Elektromaschinenbauerhandwerk. 3. Auflage 1949, Seiten 251—260.

Die Wickelangaben Ziffer 1—4 sind den Relma-Mitteilungen der Jahrgänge 1929—1933 entnommen.

Die Angaben Ziffer 5 und 6 wurden von der Fa. Siebmanns, Dresden, zur Verfügung gestellt.

Um Einsendung weiterer Unterlagen über Tornado-Umformer wird gebeten. Die Herstellerfirma besitzt keinerlei Wickel-Unterlagen mehr.

Stichwortverzeichnis

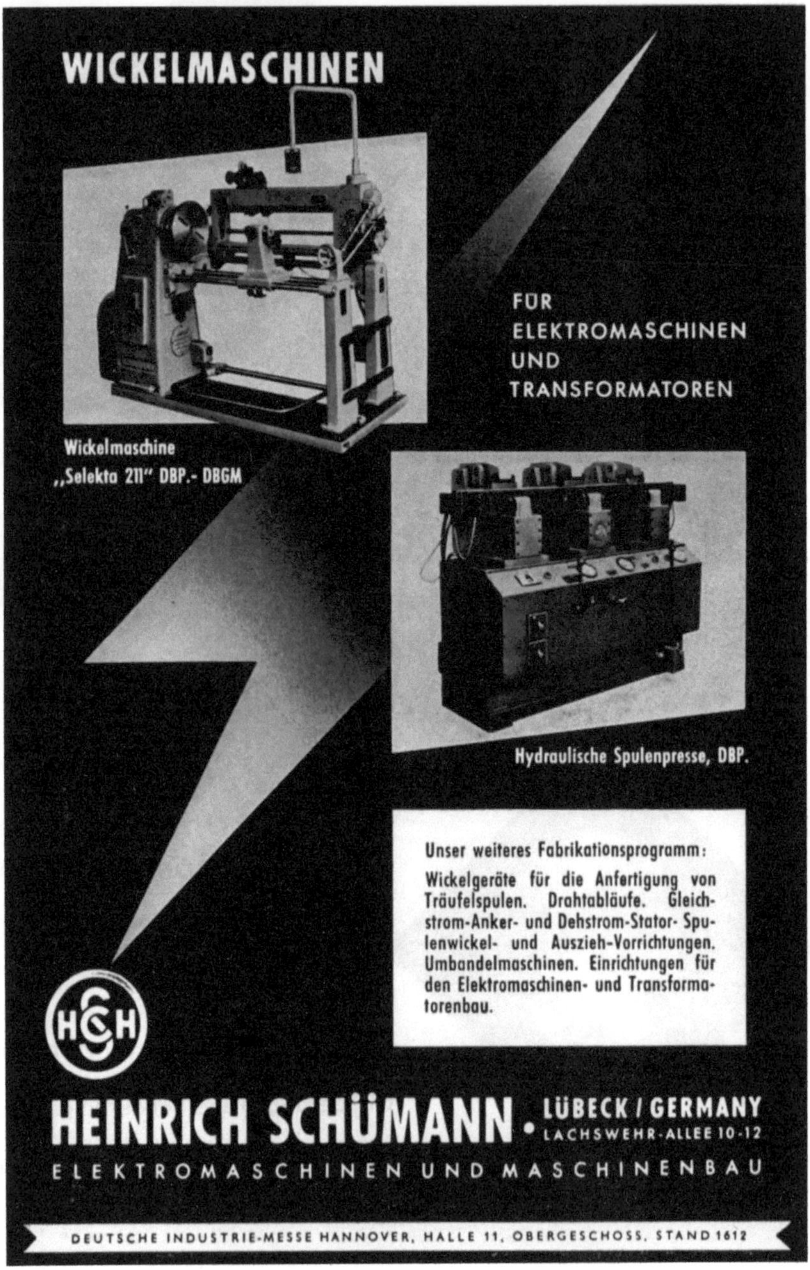
WICKELMASCHINEN
FÜR ELEKTROMASCHINEN UND TRANSFORMATOREN
Wickelmaschine „Selekta 211" DBP.- DBGM
Hydraulische Spulenpresse, DBP.
Unser weiteres Fabrikationsprogramm:
Wickelgeräte für die Anfertigung von Träufelspulen. Drahtabläufe. Gleichstrom-Anker- und Dehstrom-Stator- Spulenwickel- und Auszieh-Vorrichtungen. Umbandelmaschinen. Einrichtungen für den Elektromaschinen- und Transformatorenbau.
HEINRICH SCHÜMANN · LÜBECK / GERMANY
LACHSWEHR-ALLEE 10-12
ELEKTROMASCHINEN UND MASCHINENBAU
DEUTSCHE INDUSTRIE-MESSE HANNOVER, HALLE 11, OBERGESCHOSS, STAND 1612

LACKDRÄHTE für Motoren-
Transformatoren-
Spulen-Wicklungen
KABELWERK DUISBURG · DUISBURG

H. BORNEMANN

Bau- und Berechnug von Leitungen und Leitungsnetzen

Teil I: Bau und Berechnung von Gleichstromleitungen.
Oktav. Mit 72 Textabbildungen. VII, 130 Seiten. DM 14,—

Teil II: Berechnung von Wechselstromleitungen.
Oktav. Mit 64 Textabbildungen. VII, 141 Seiten. 1956. DM 16,—

A. DÄSCHLER

Elektrotechnik

Ein Lehrbuch für den Praktiker. 2., verbesserte Auflage. Oktav. Mit 266 Abbildungen. VIII, 214 Seiten. 1956. DM 8,60

H. GERSTENBERG

Einführung in die Elektrotechnik

Oktav. Mit 326 Abbildungen und 121 Beispielen. XII, 367 Seiten. 1953. Halbleinen DM 16,—

A. GÜNTHERSCHULZE — H. BETZ

Elektrolytkondensatoren

Ihre Entwicklung, wissenschaftliche Grundlage, Herstellung, Messung und Verwendung. 2., verbeserte Auflage. Groß-Oktav. Mit 142 Abbildungen. VII, 293 Seiten. 1952. Ganzleinen DM 36,—

B. HENKEN

Die Einführung des Zeitlohnes

in den Instandsetzungswerken elektrischer Maschinen und anderen Klein-Oktav. Mit 13 Formularen und 6 Textabbildungen. 53 Seiten. 1956. DM 5,80

TH. KÖNIGSHOFER

Die Lichtbogen-Schweißmaschinen

Kurze Einführung in die Wirkungsweise verschiedenartiger Schweißmaschinen und deren Verhalten im Betrieb.
Oktav. Mit 28 Textabbildungen. 54 Seiten. 1955. DM 5,20

TH. KÖNIGSHOFER

Die Wicklungen elektrischer Maschinen

Allgemeinverständliche Einführung in die Wicklungen und deren Wirken in elektrischen Maschinen.
Oktav. Mit 139 Textabbildungen. 128 Seiten. 1956. DM 12,80

G. MAIER

Die Grundlagen der Elektrotechnik

2., vollständig umgearbeitete und vermehrte Auflage. Groß-Oktav. Mit 397 Textabbildungen und 164 durchgerechneten Beispielen. 527 Seiten. 1950. Halbleinen DM 12,—

O. MOHR

Grundlagen der Allgemeinen Elektrotechnik 3 Bände.

I. Die drei Feldformen. (Band 196)
96 Seiten. Mit 41 Abbildungen und 6 Tafeln. 1956. DM 2,40

II. Die wichtigsten elektrischen und physikalischen Grunderscheinungen. (Band 197) 95 Seiten. Mit 36 Abbildungen u. 7 Tafeln. 1956. DM 2,40

III. Schaltvorgänge, Widerstandsformen. Meßtechnik. (Band 198)
91 Seiten. Mit 59 Abbildungen und 1 Tafel. 1956. DM 2,40

(Sammlung Göschen, Verlag Walter de Gruyter & Co.)

TECHNISCHER VERLAG HERBERT CRAM · BERLIN W 35

Bei Fragen zur Produktsicherheit wenden Sie sich bitte an:
If you have any questions regarding product safety,
please contact:

Walter de Gruyter GmbH
Genthiner Straße 13
10785 Berlin
productsafety@degruyterbrill.com